AF289838

Quadratisches Skizzenbuch mit Kreisform Millimeterpapier

Circle-Millimeterpapier für technische Zeichnungen in einem Buch

1 mm und 1 cm Raster Kreise für Techniker, Ingenieure und Konstrukteure

Kurt Heppke

Bibliografische Information der Deutschen Nationalbibliothek:
Die Deutsche Nationalbibliothek verzeichnet diese Publikation in der Deutschen Nationalbibliografie;
detaillierte bibliografische Daten sind im Internet über http://dnb.dnb.de abrufbar.

© 2022 Kurt Heppke

Herstellung und Verlag: BoD – Books on Demand, Norderstedt

ISBN: 978-3-7562-1551-5

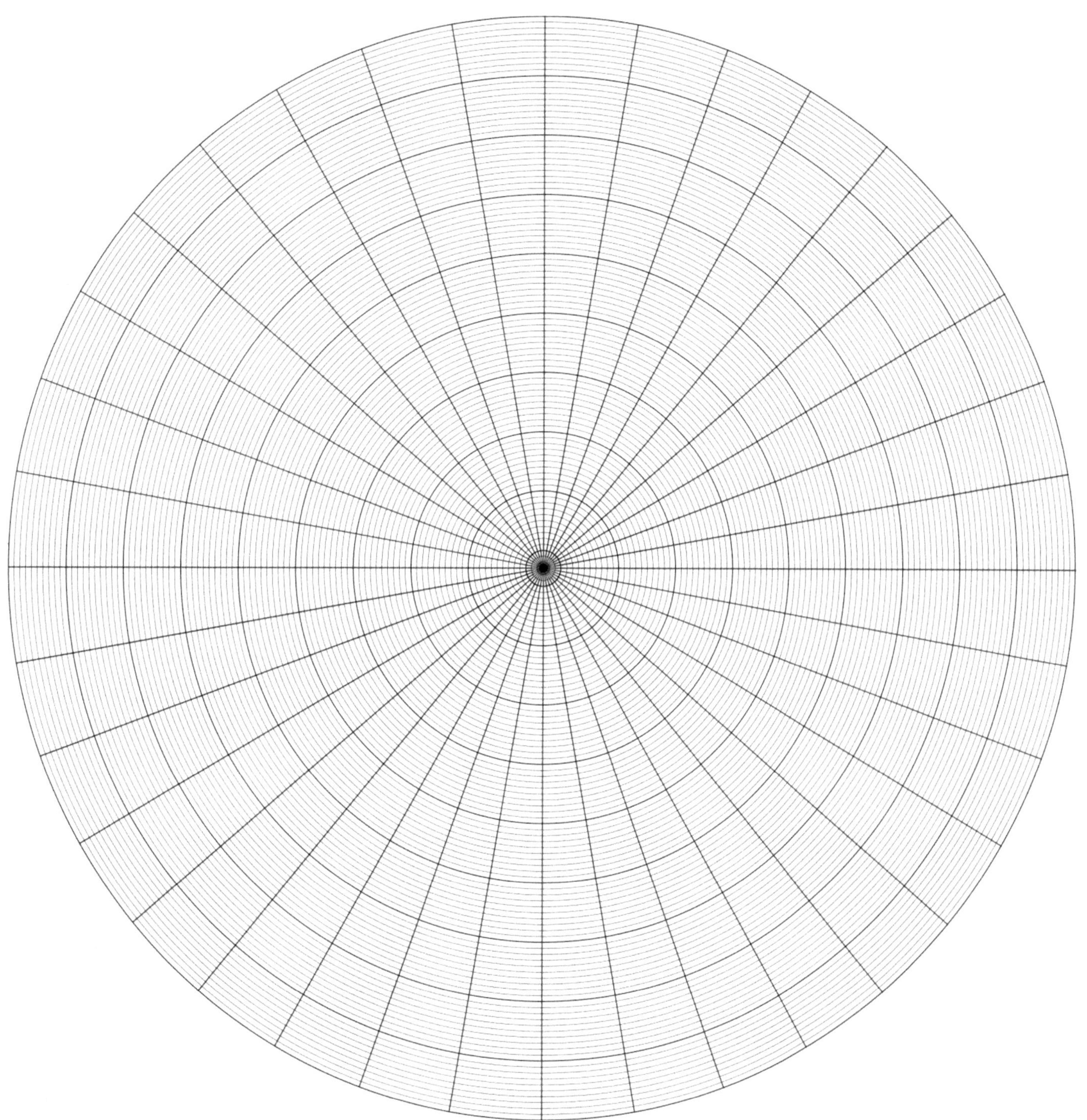

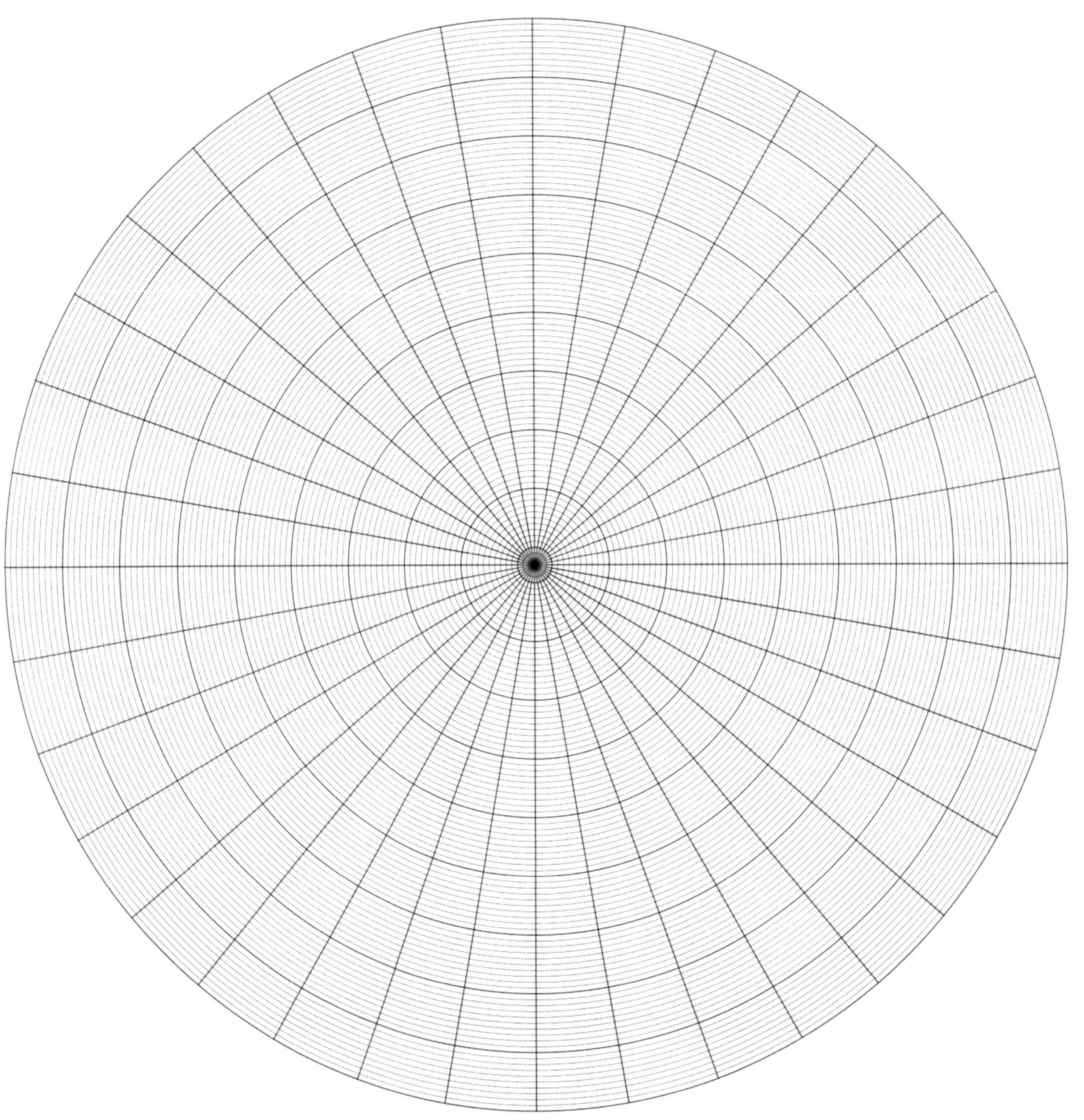

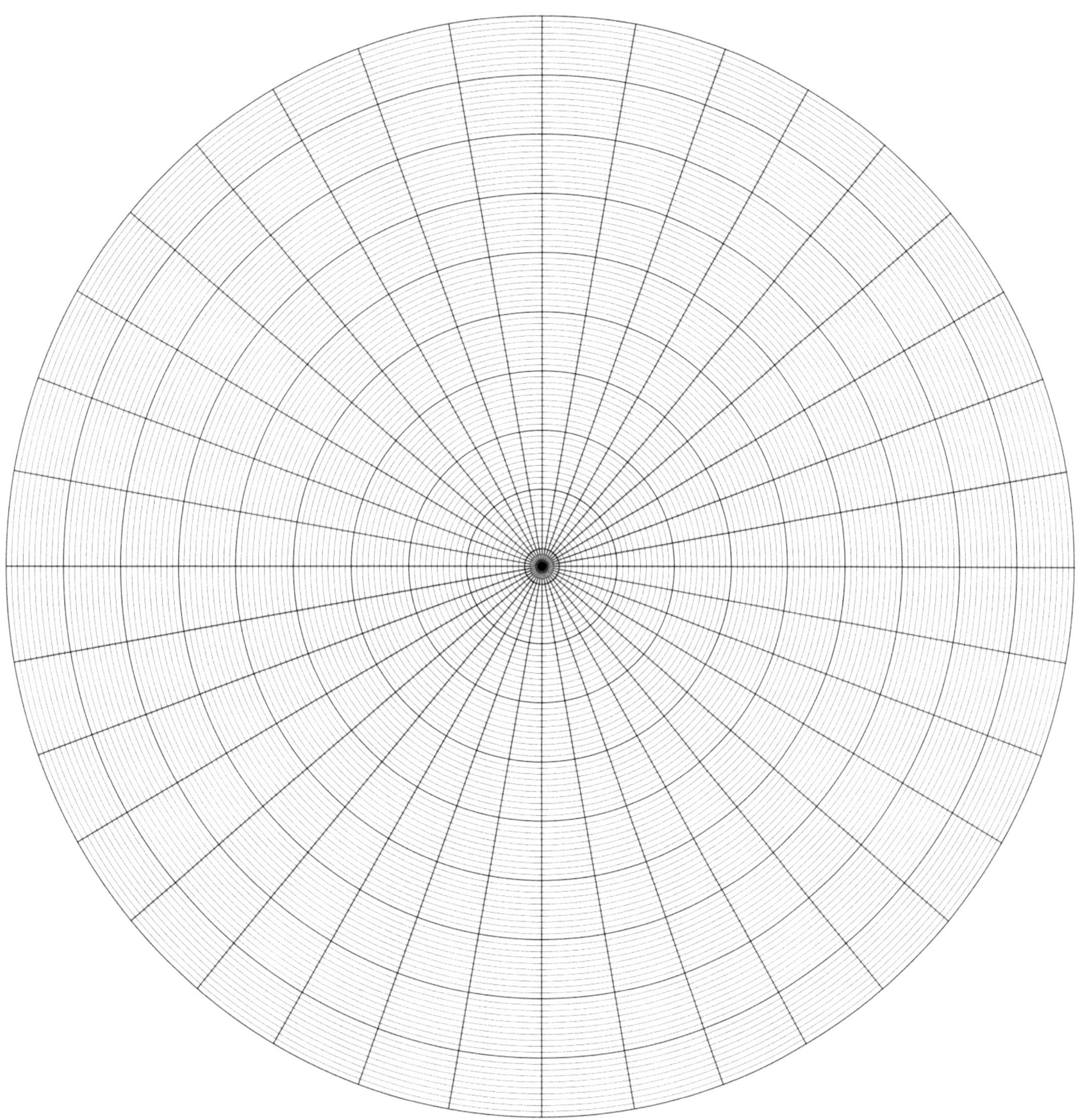

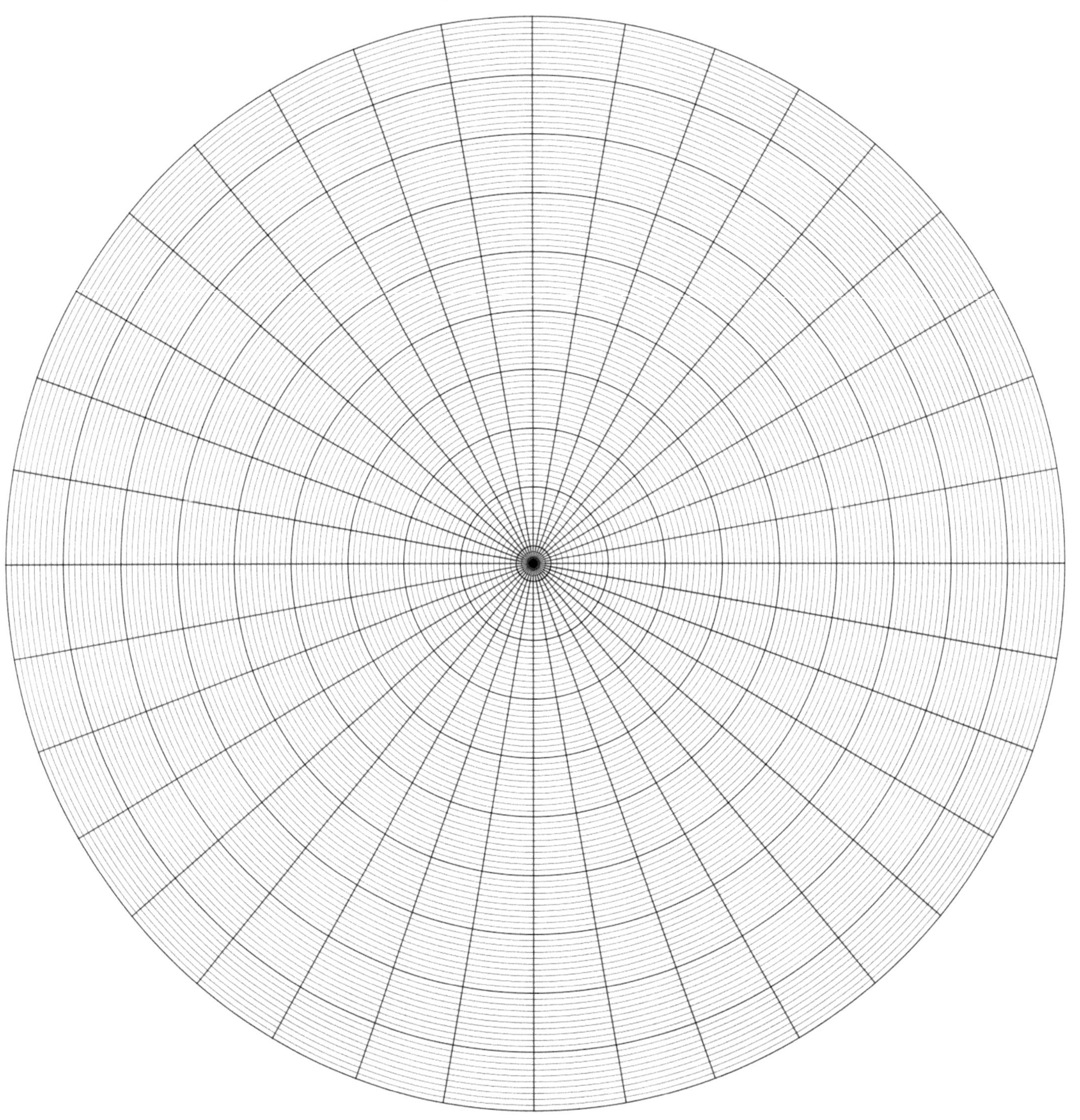

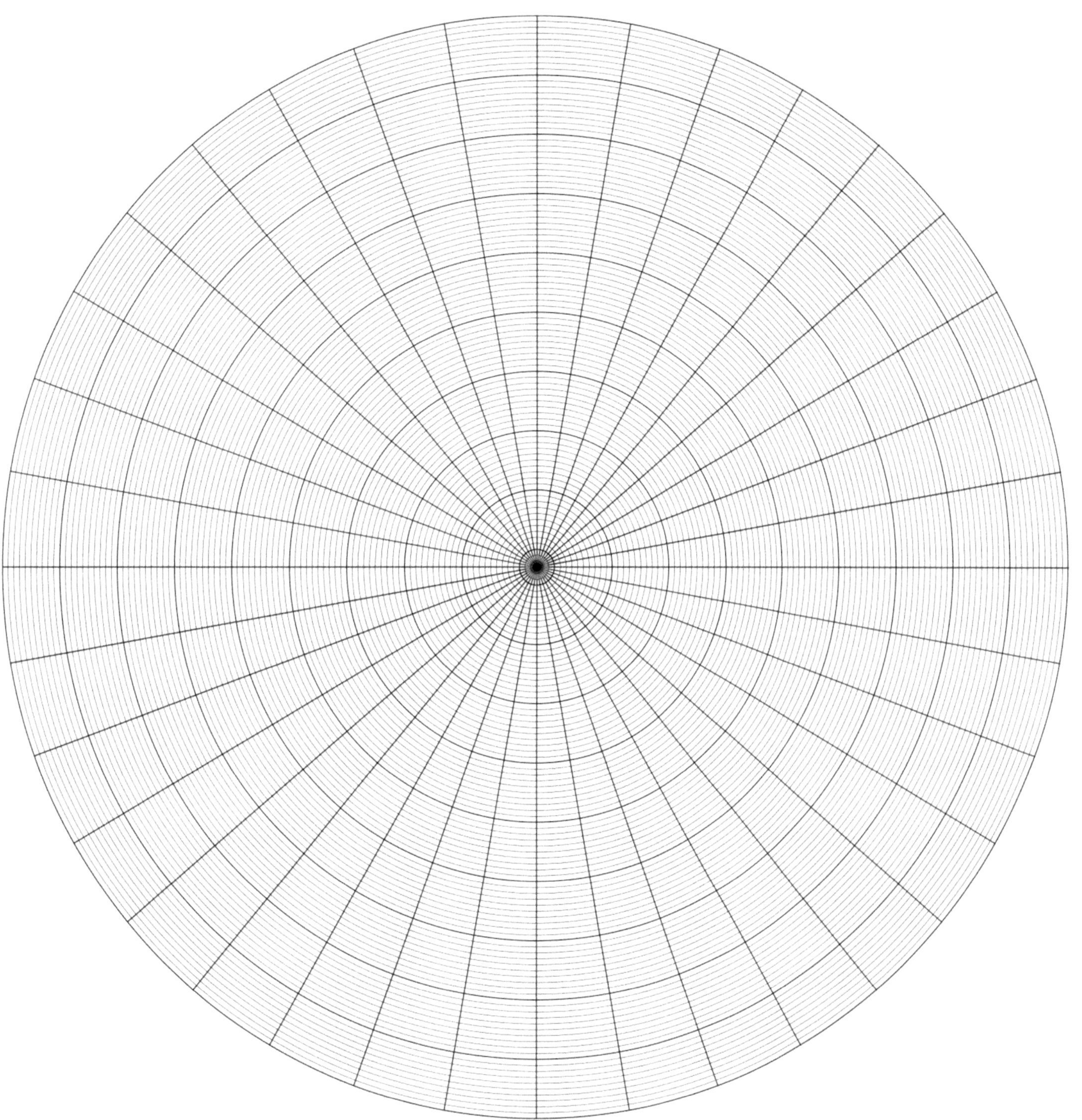

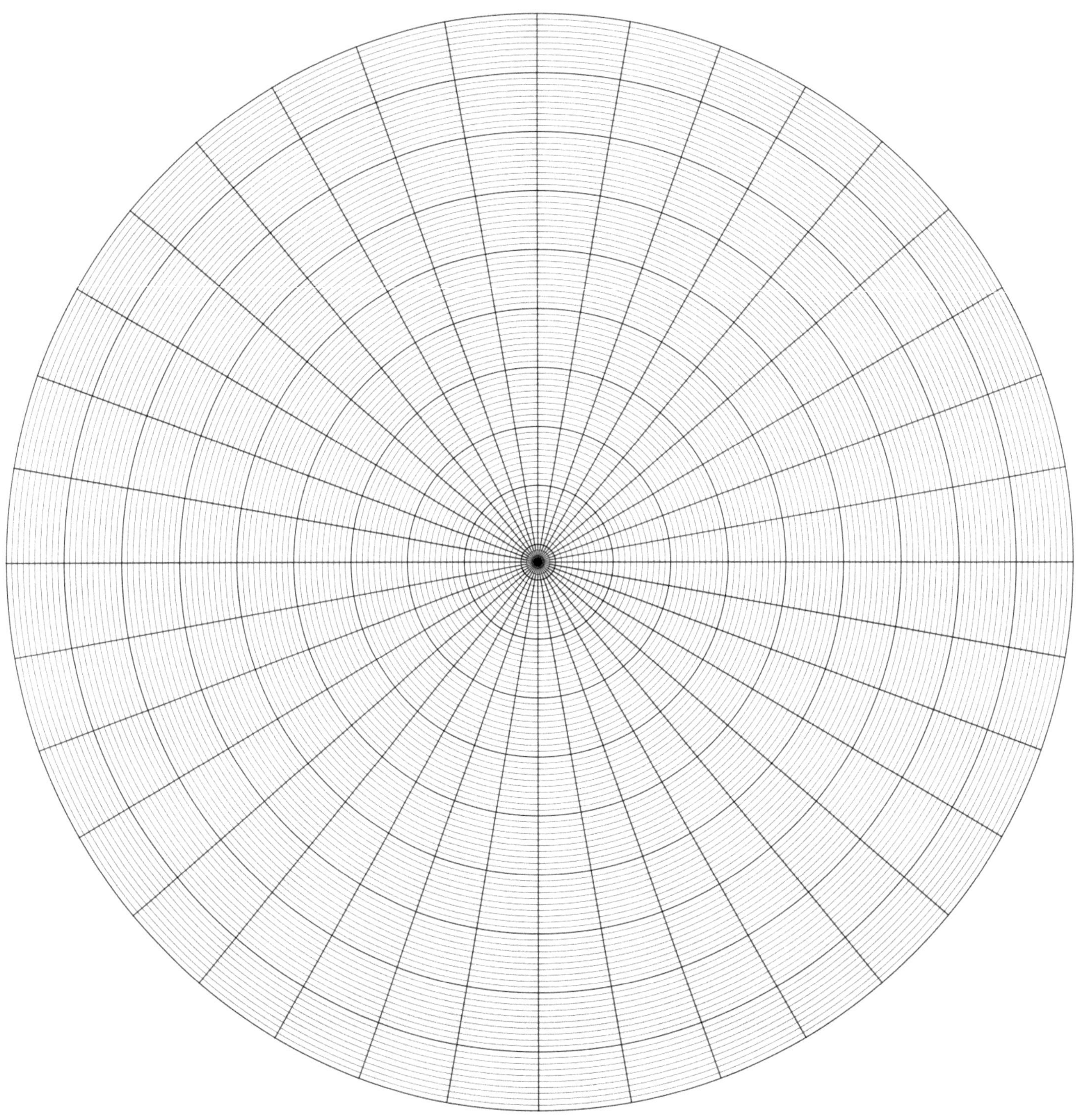

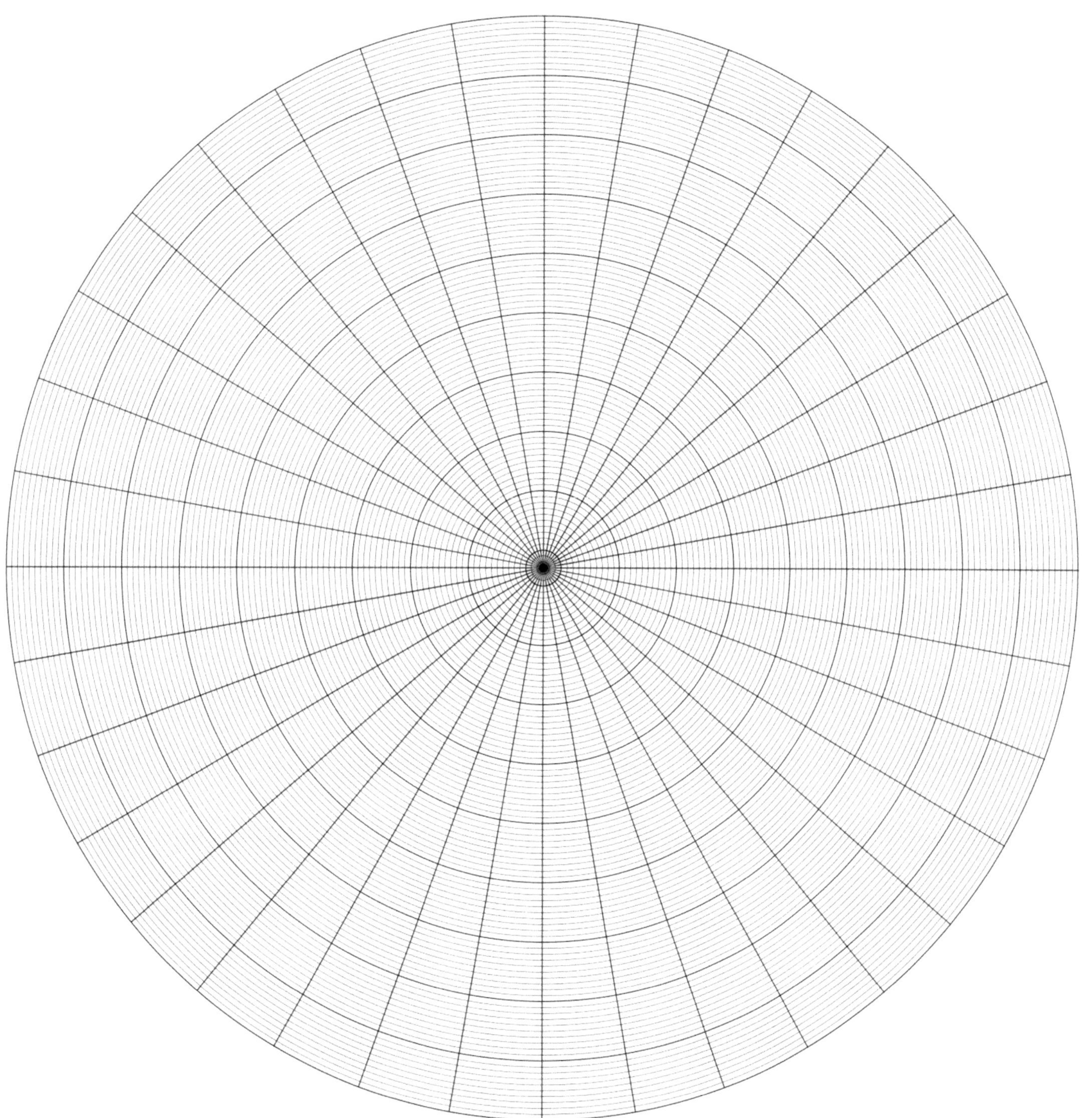

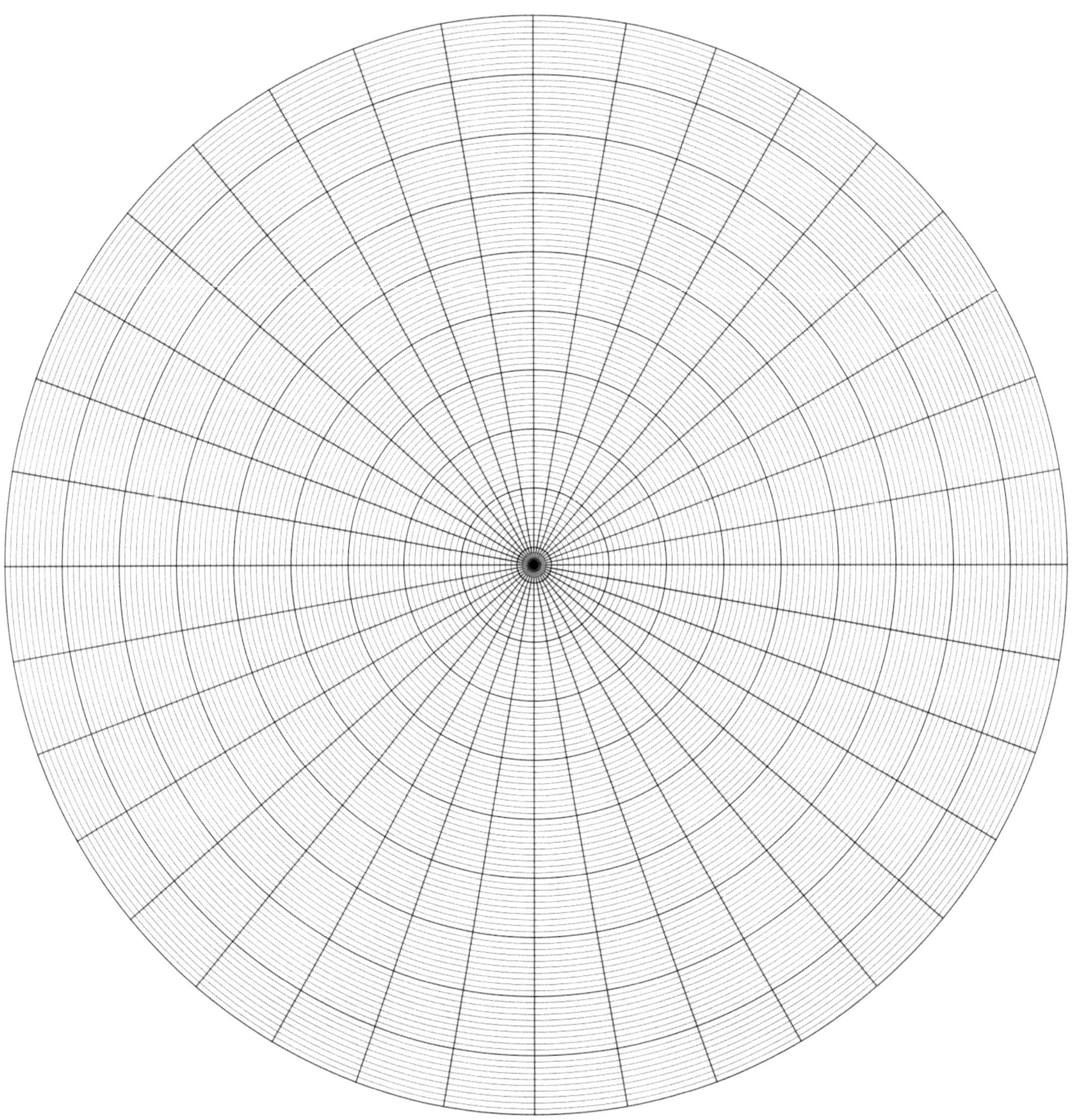

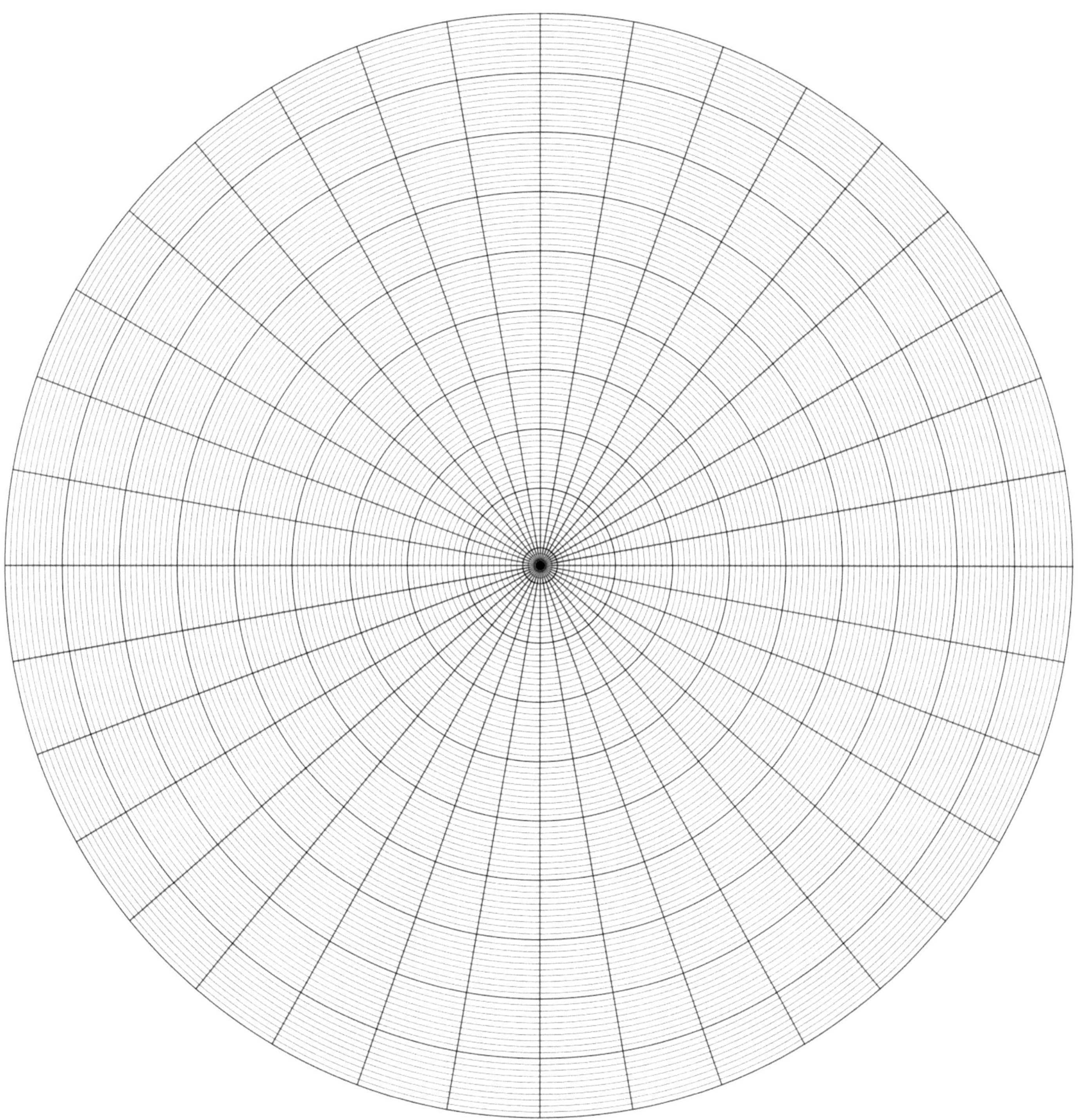

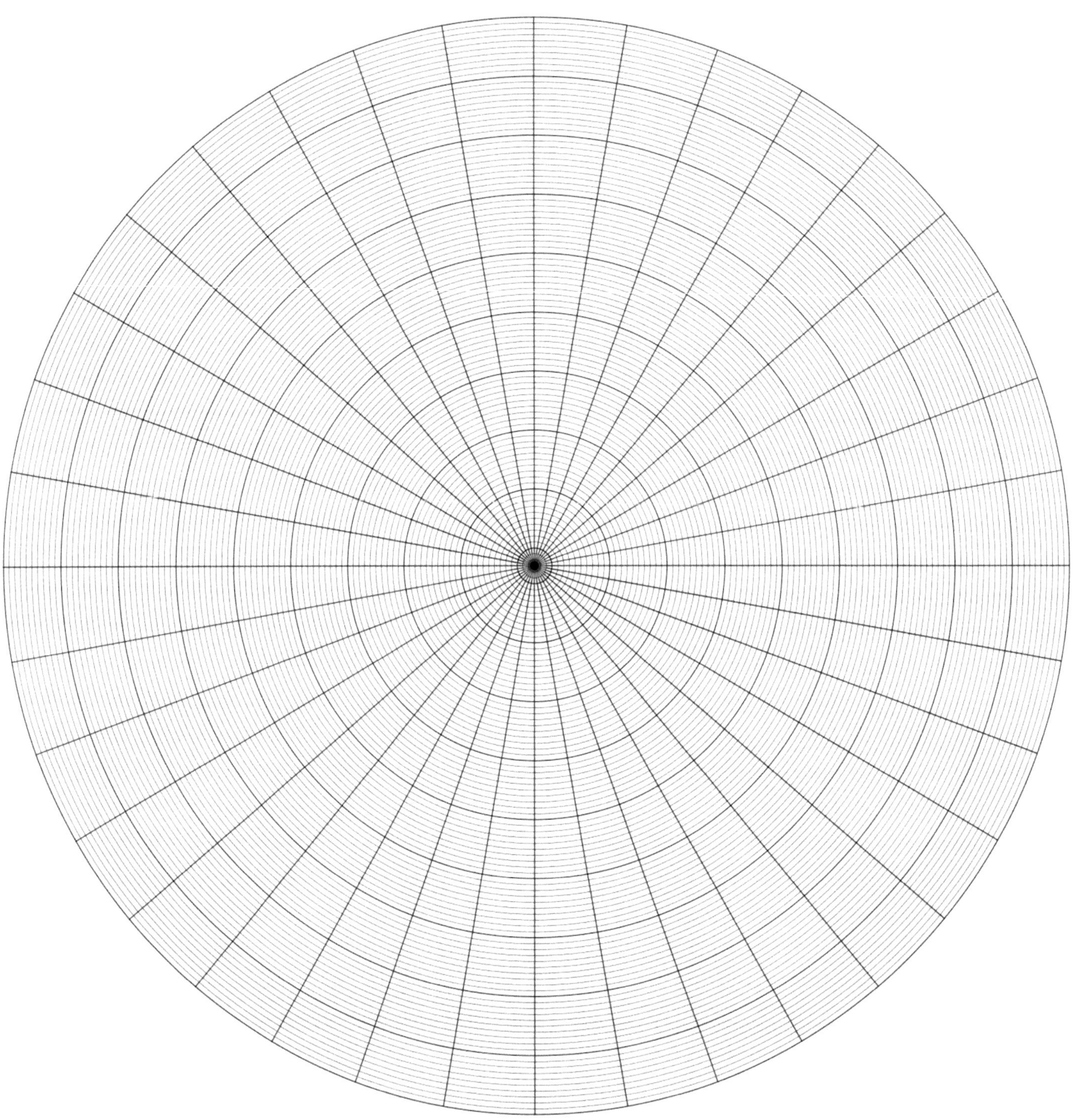

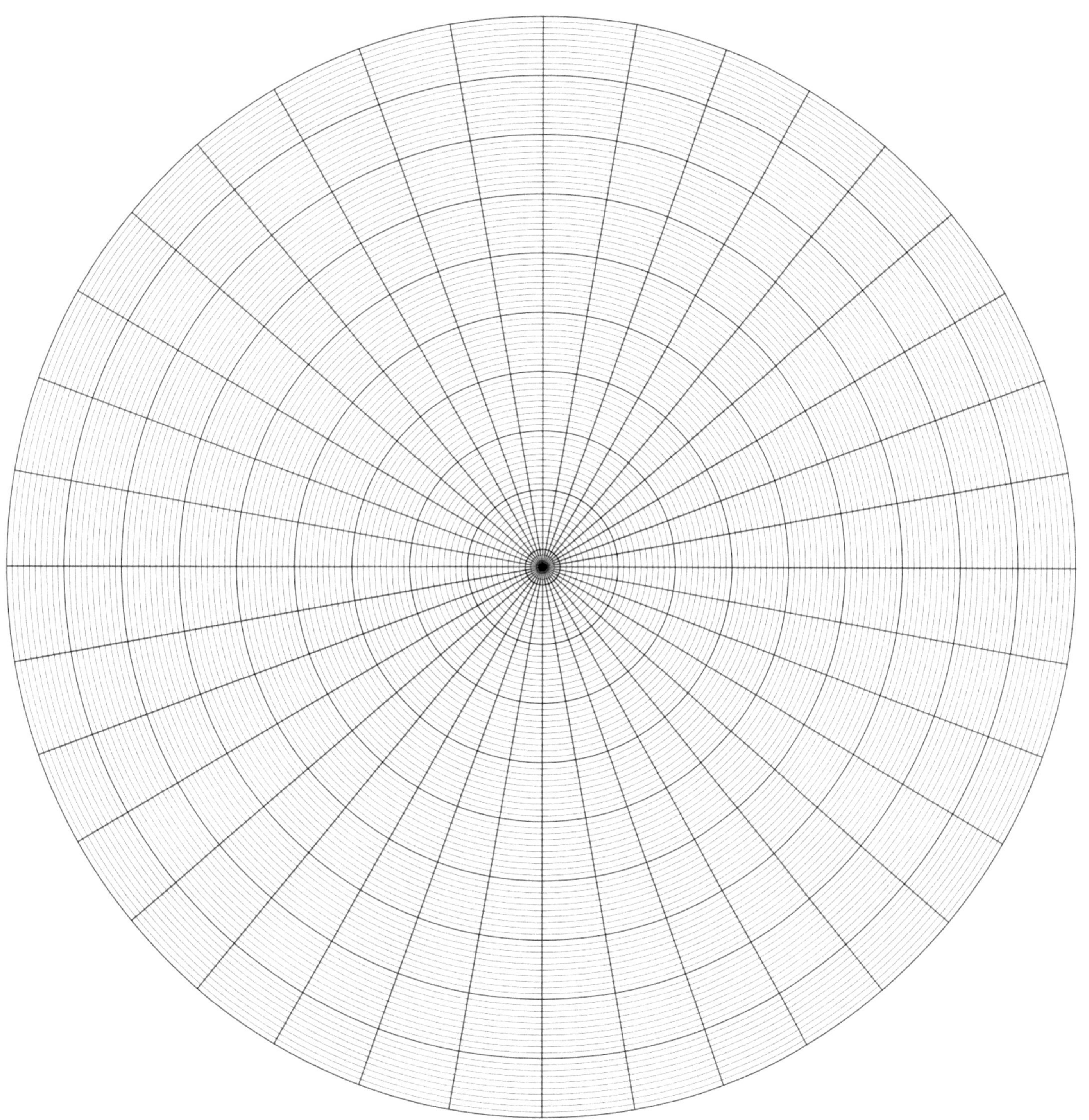

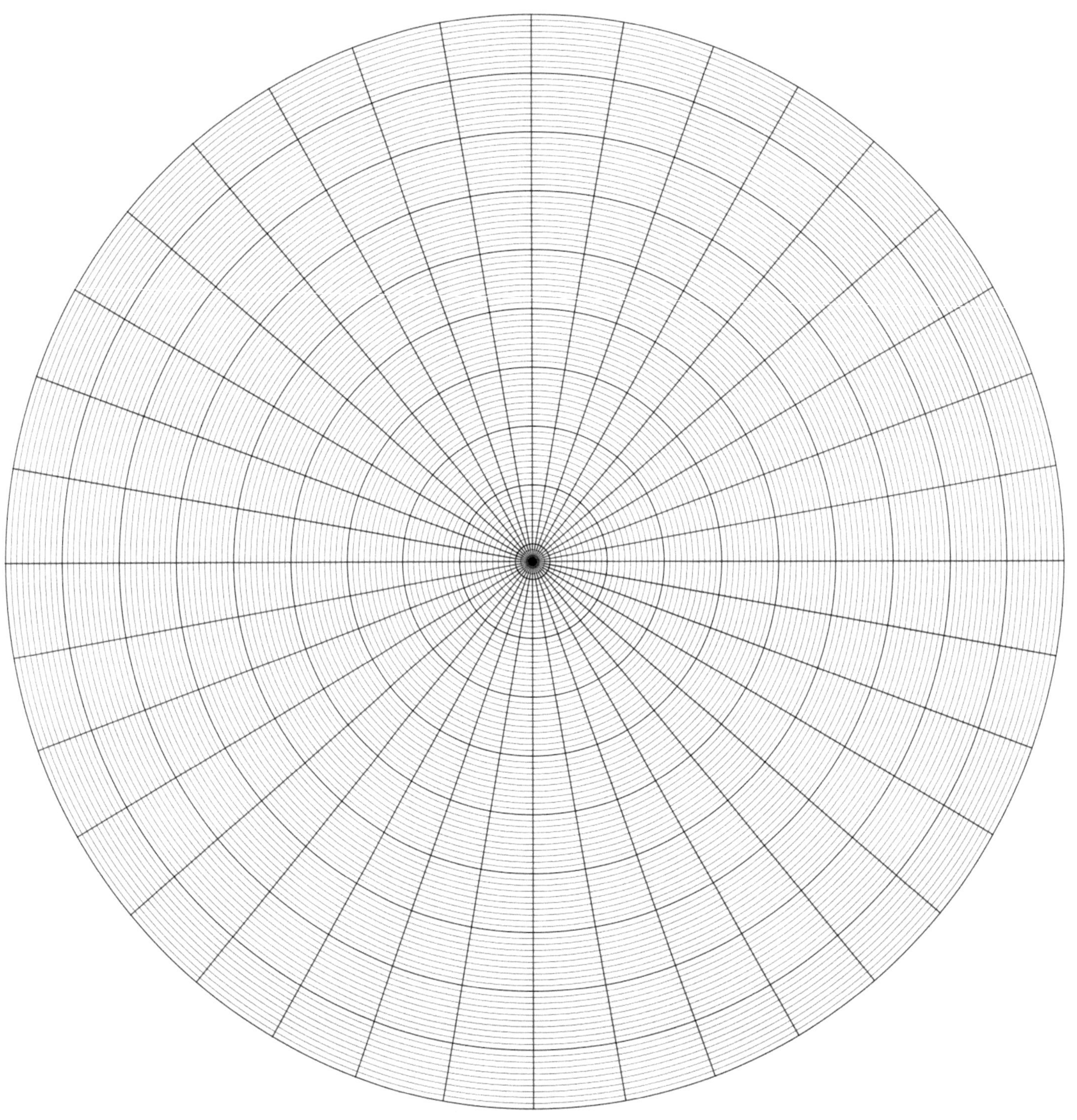

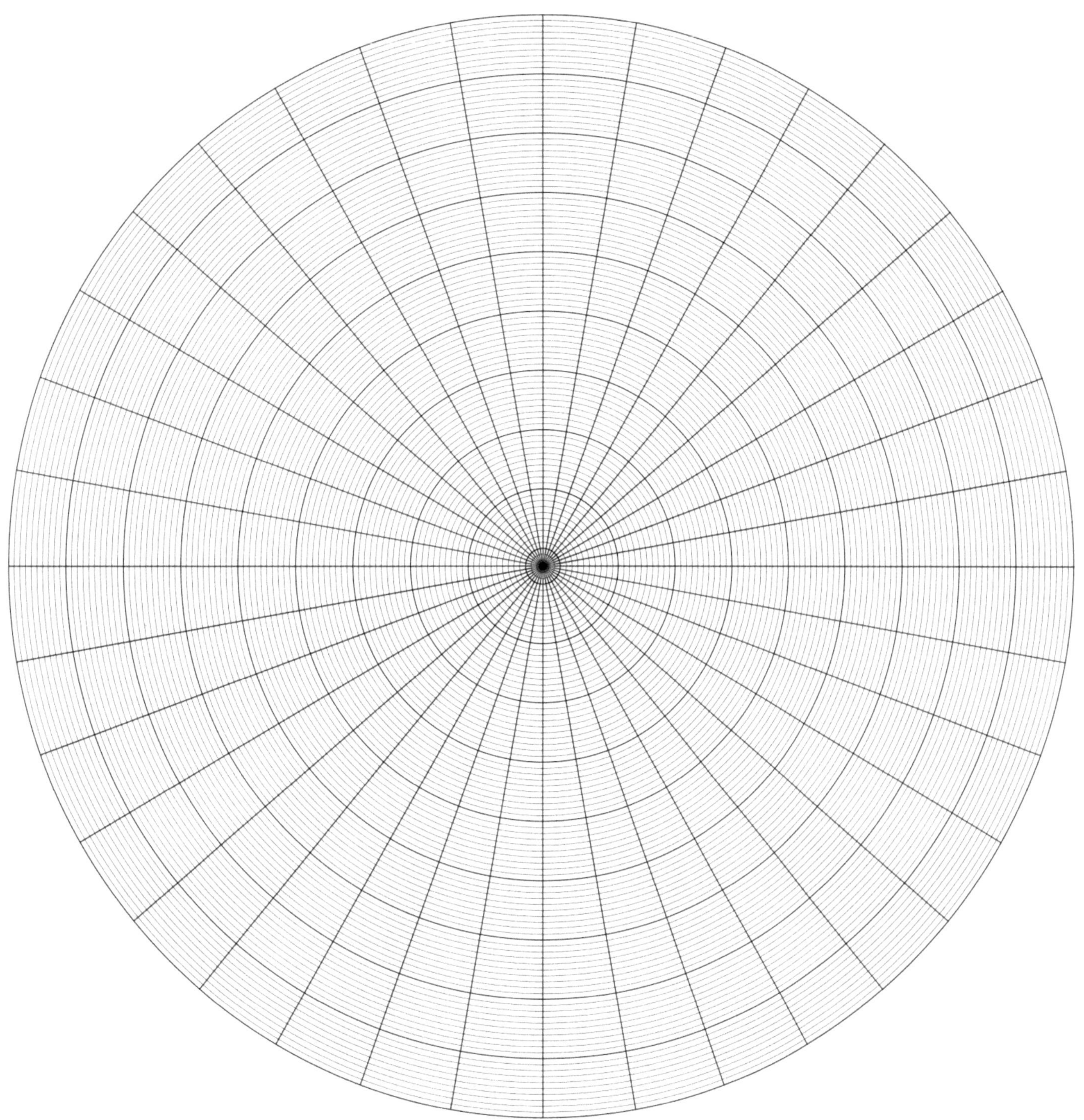

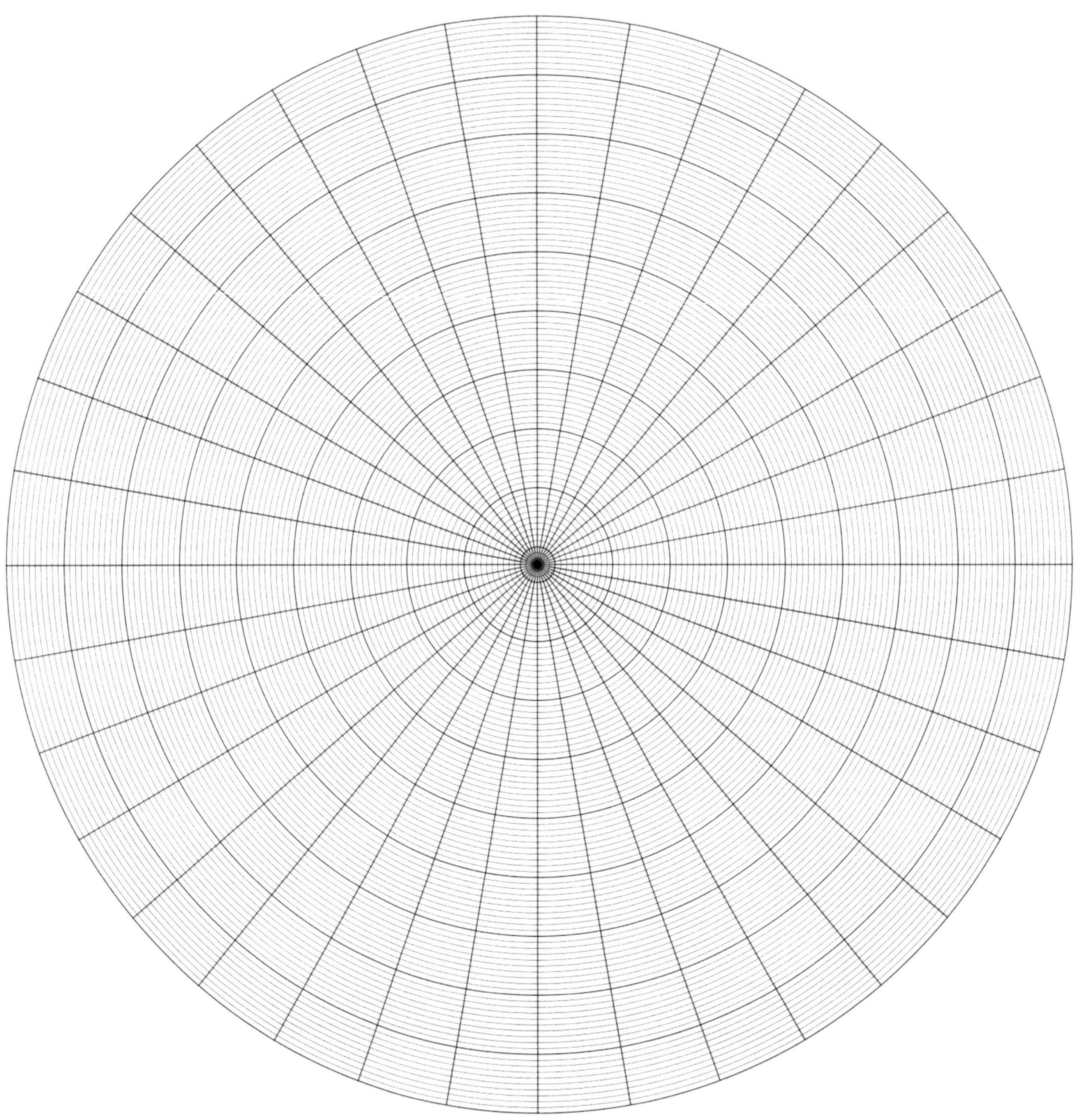

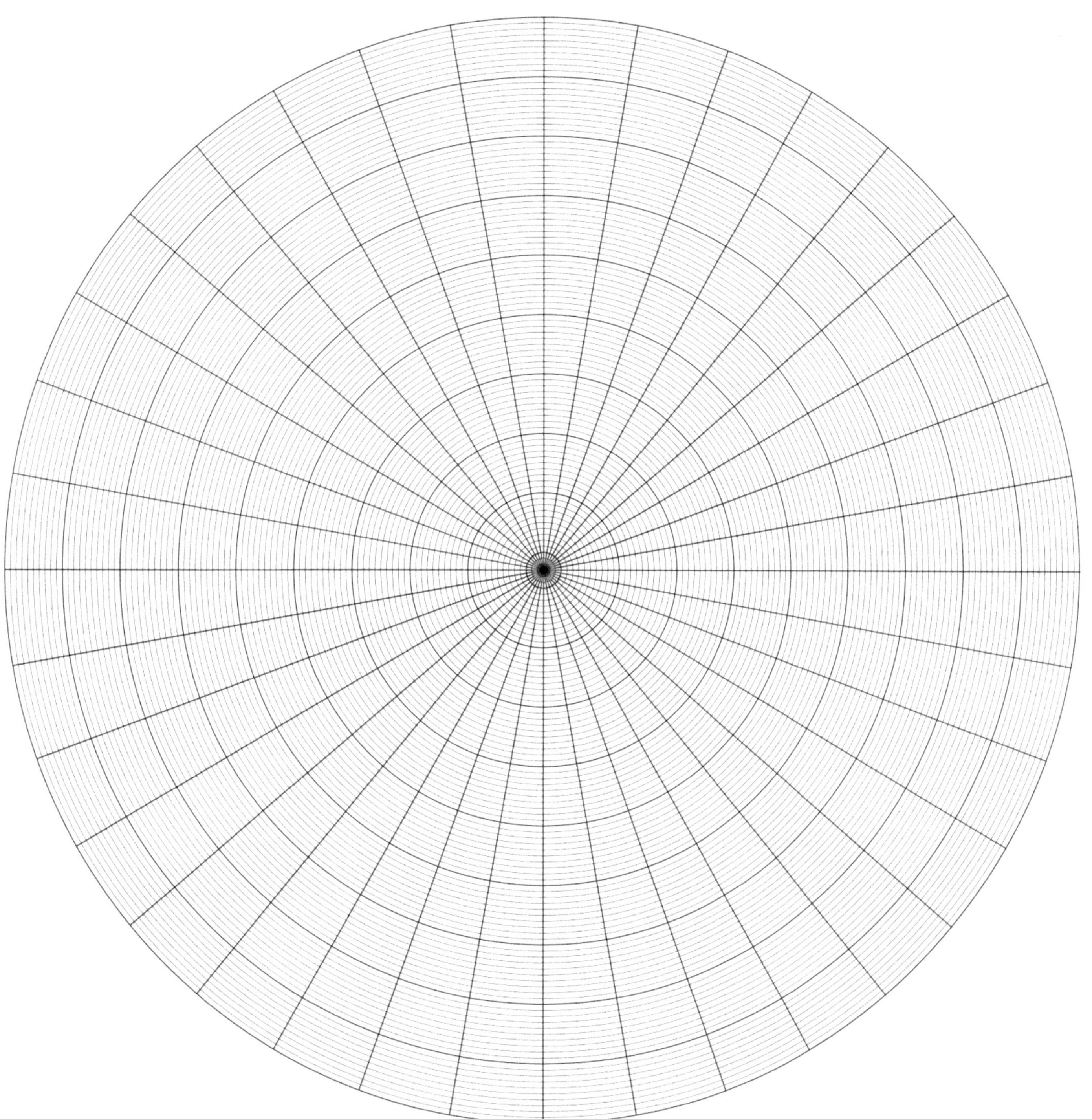

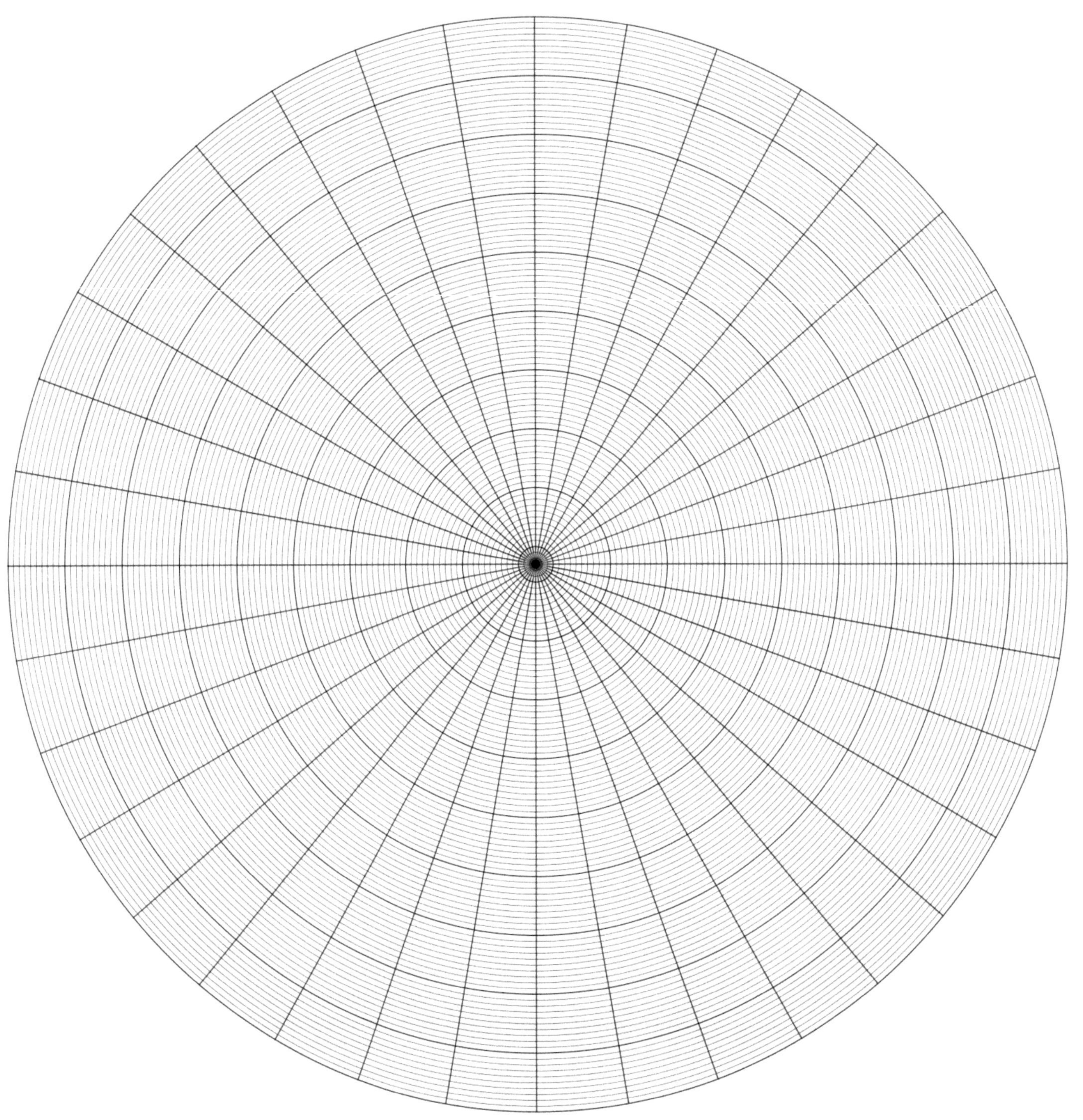

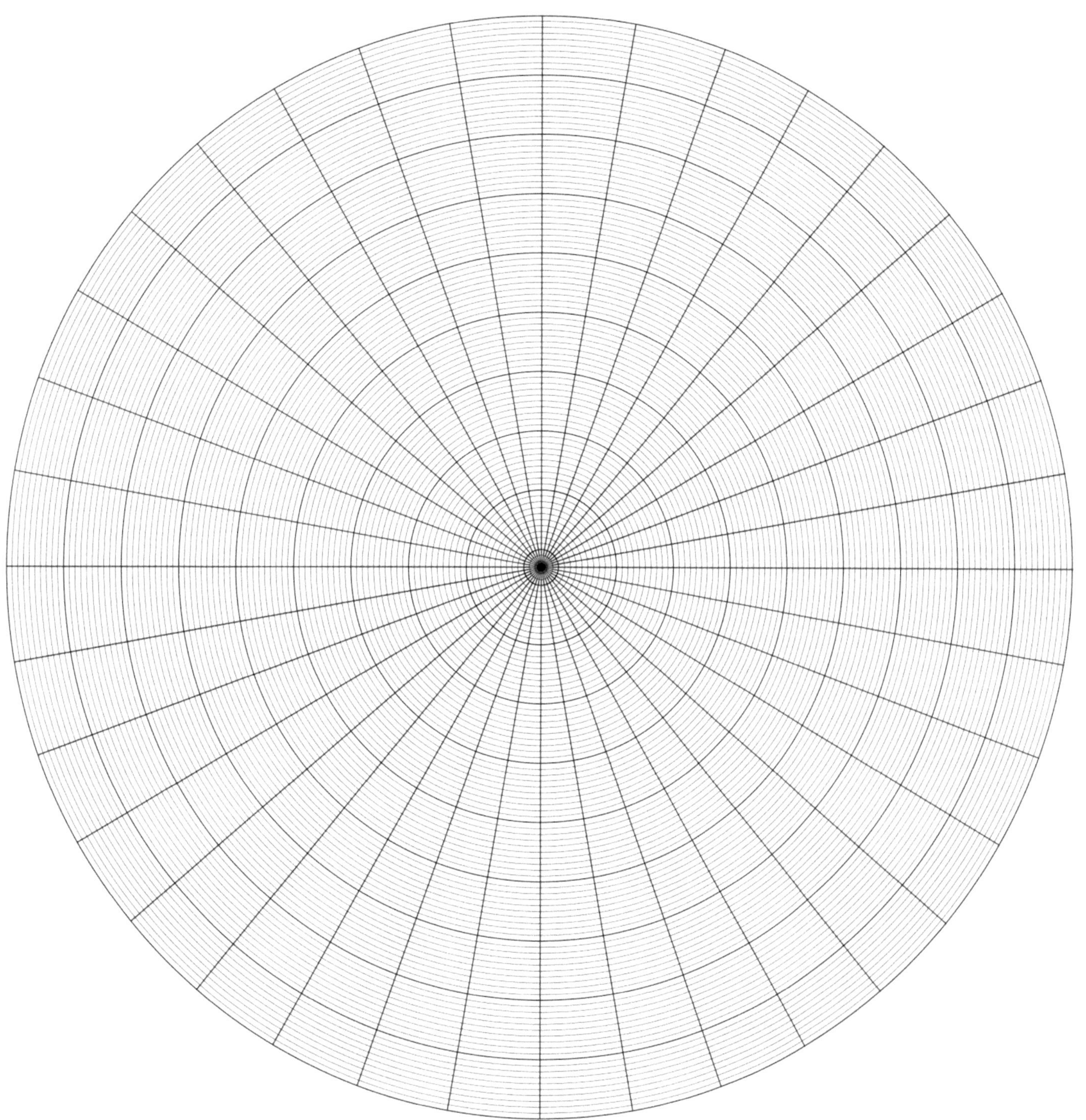

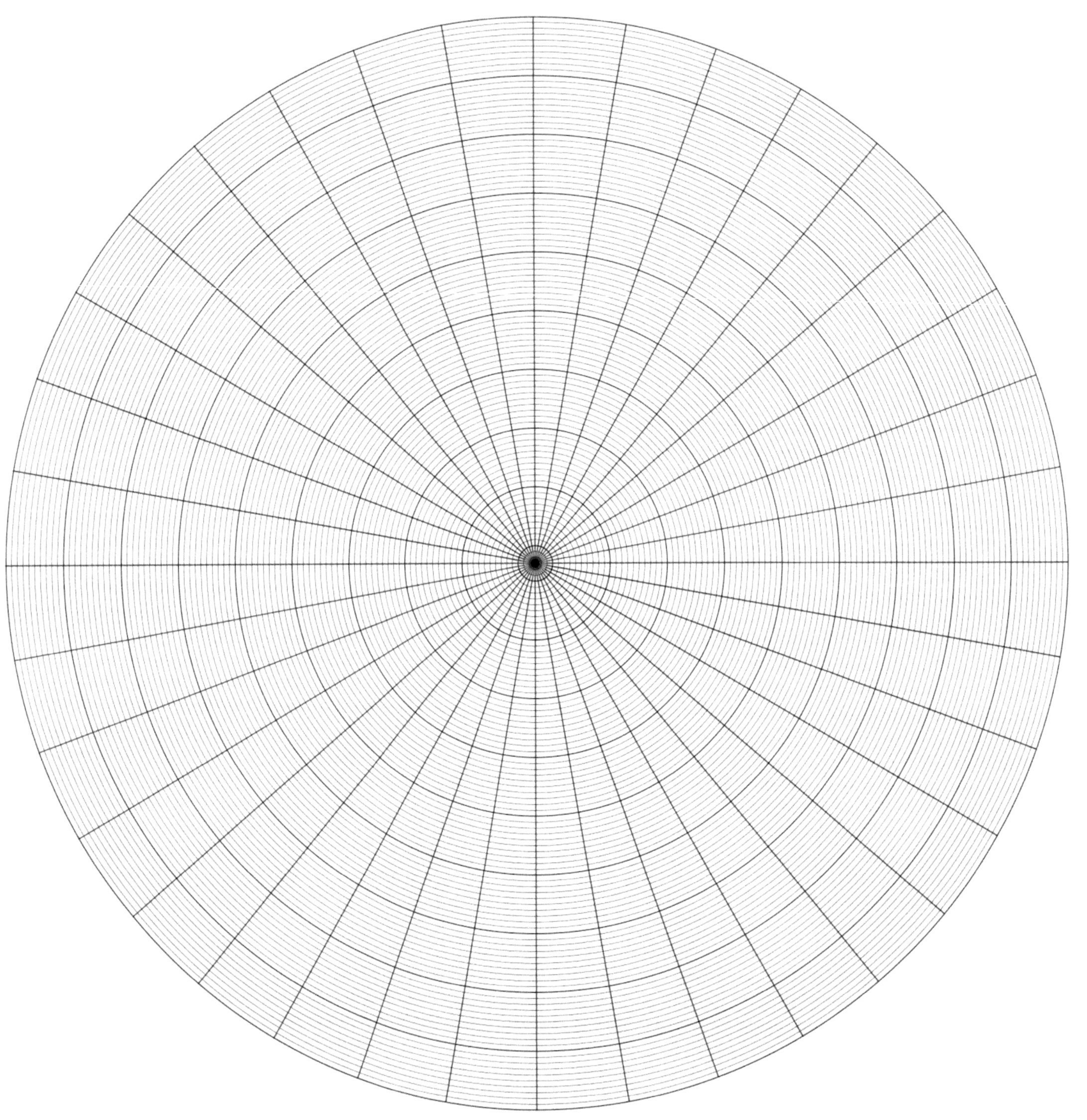

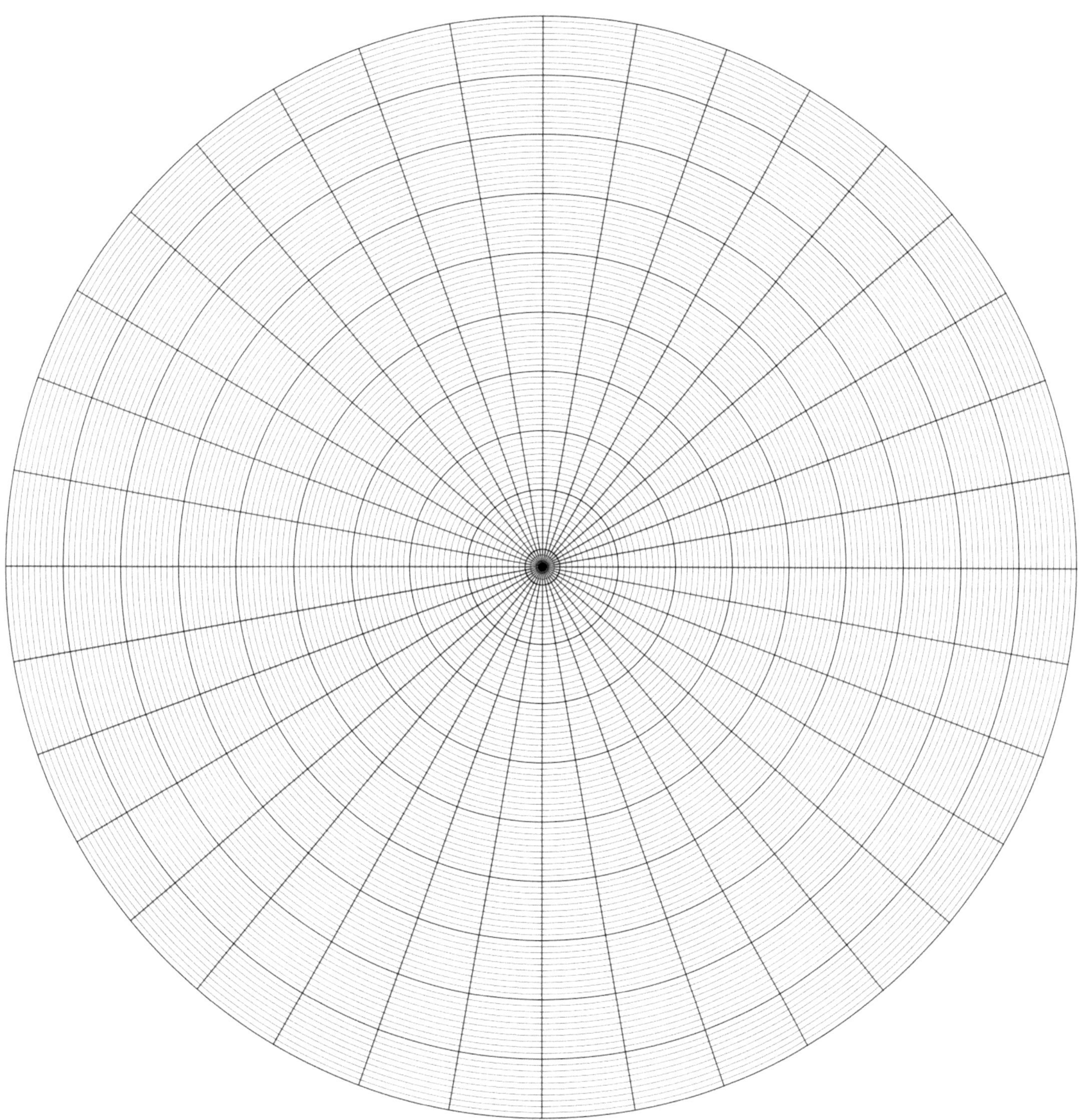

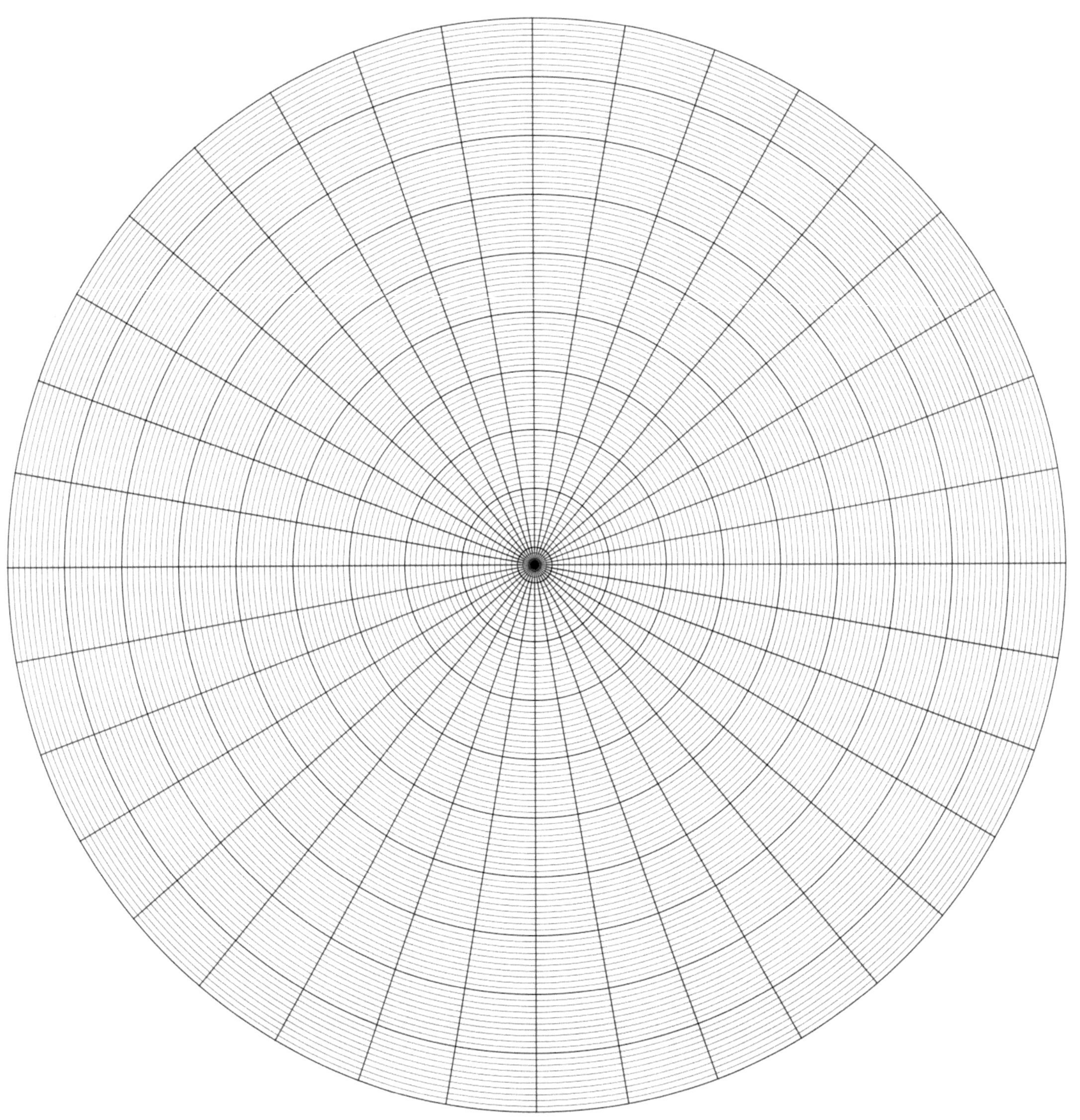

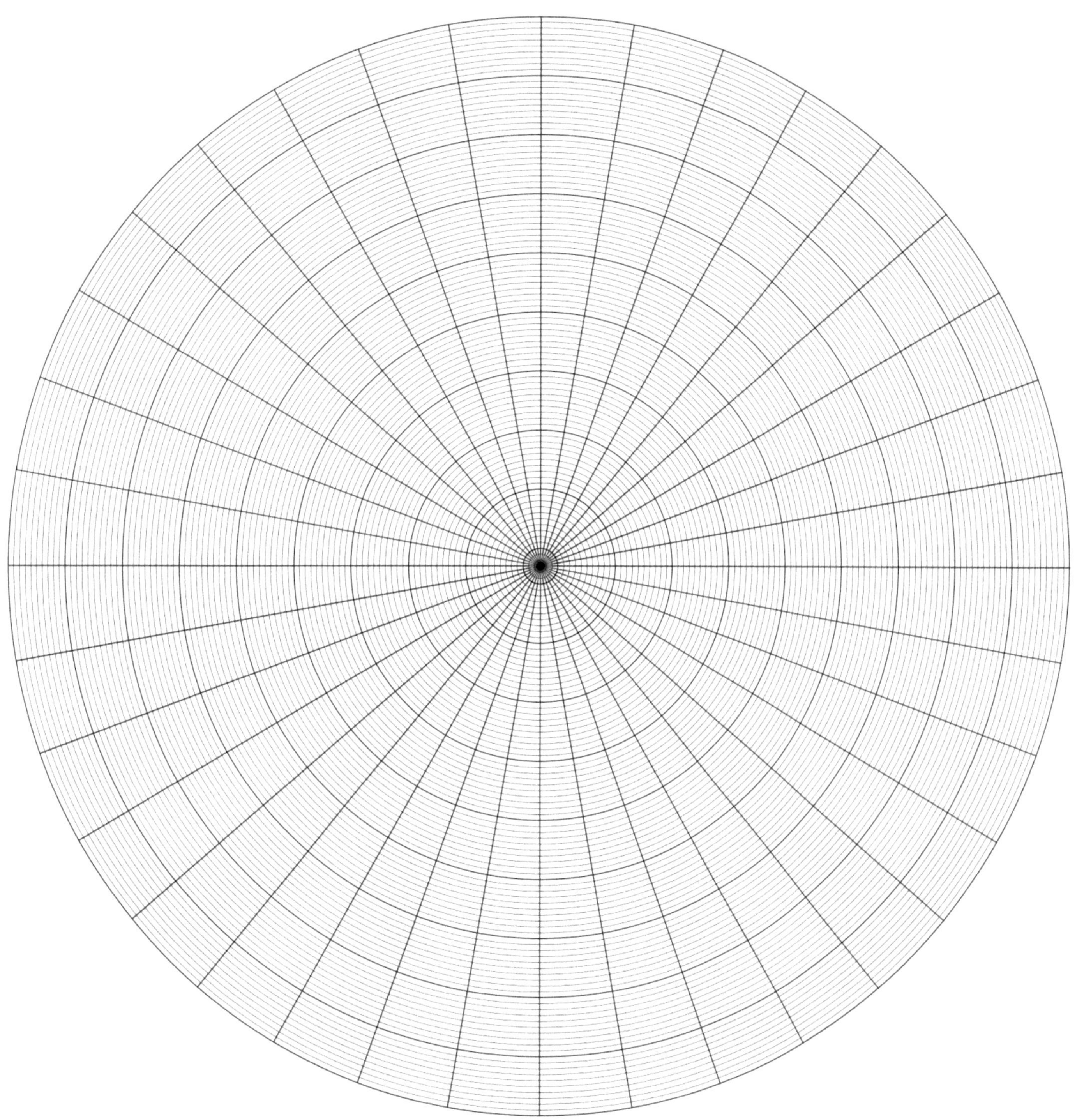

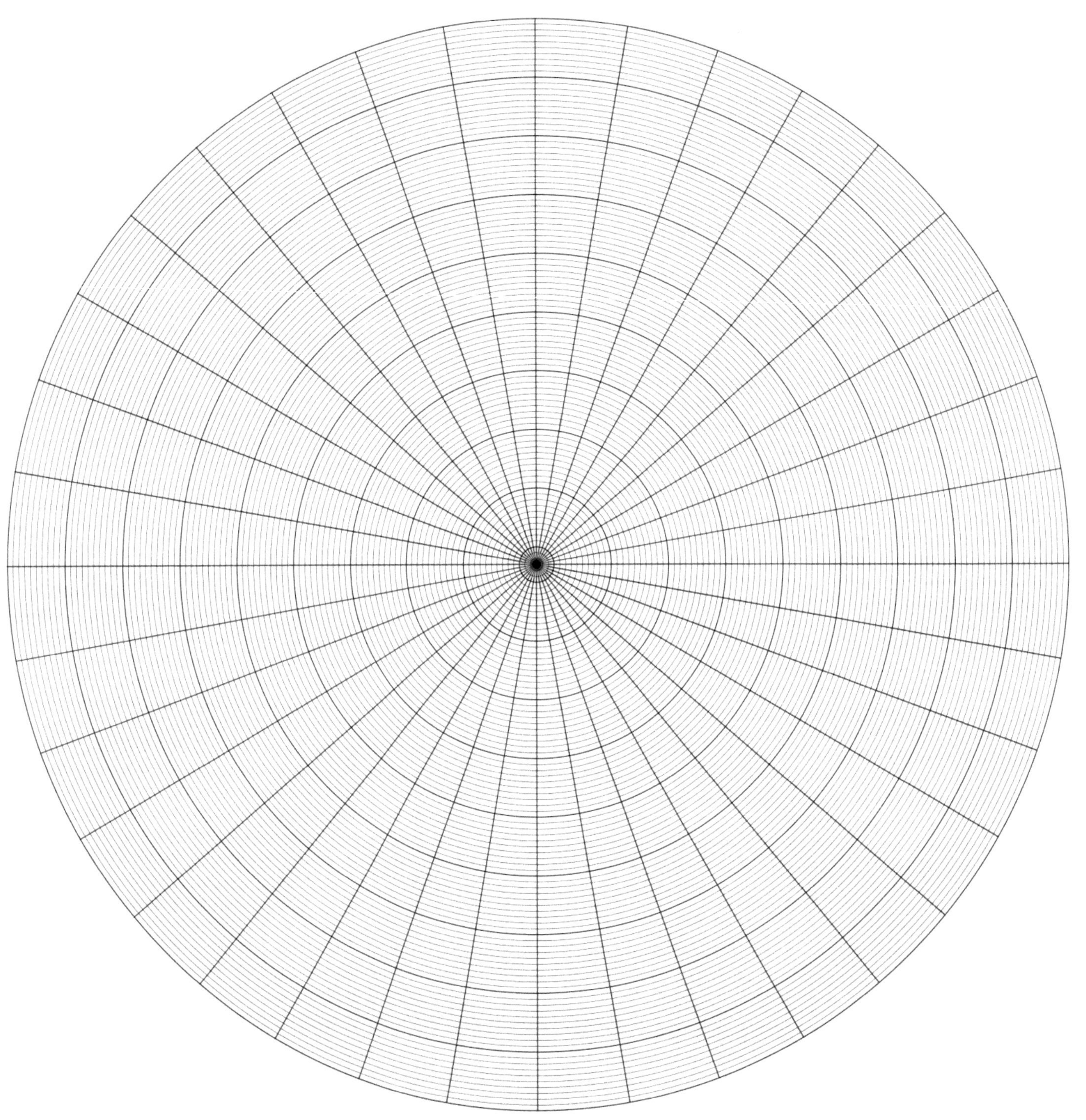

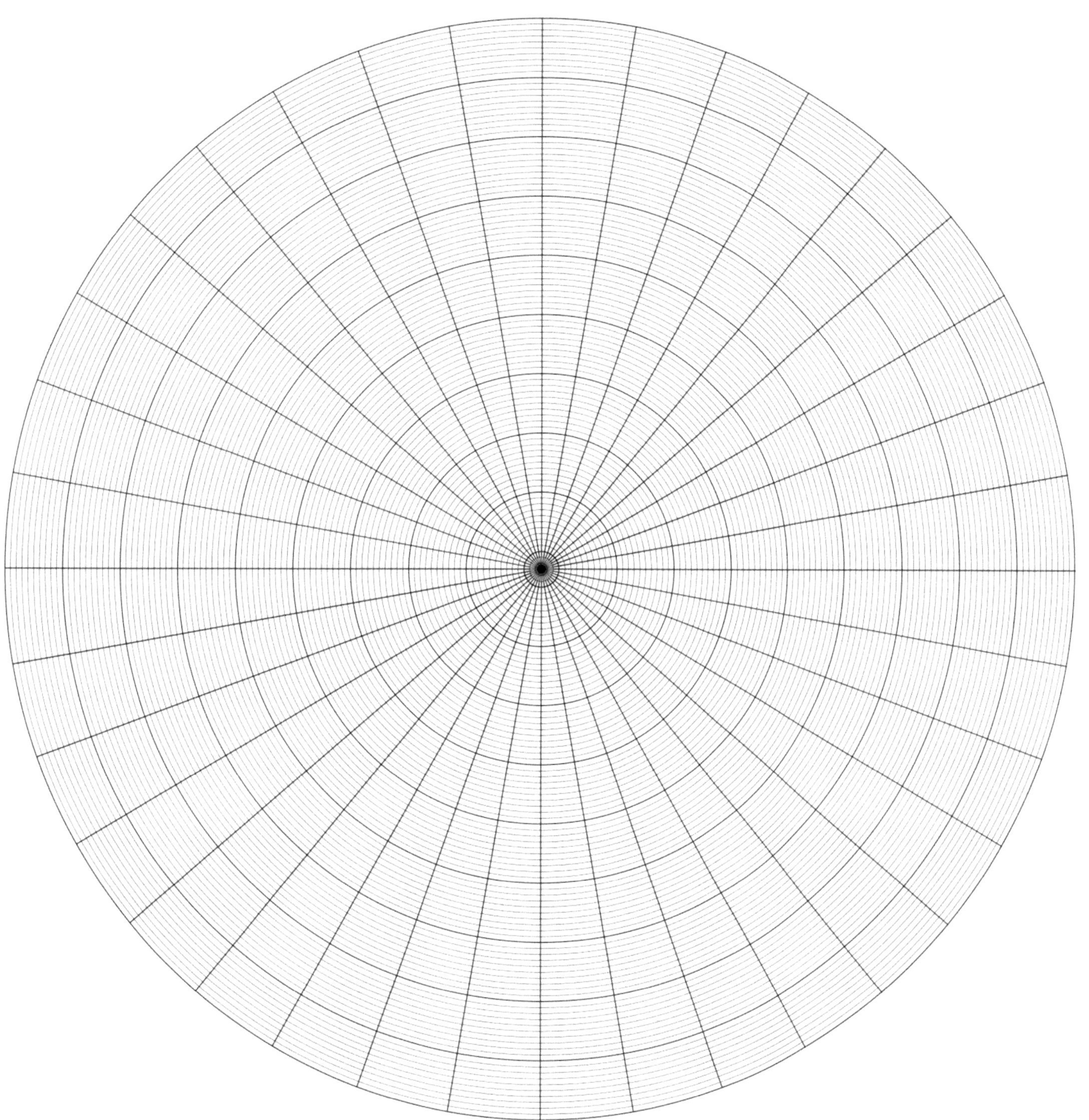

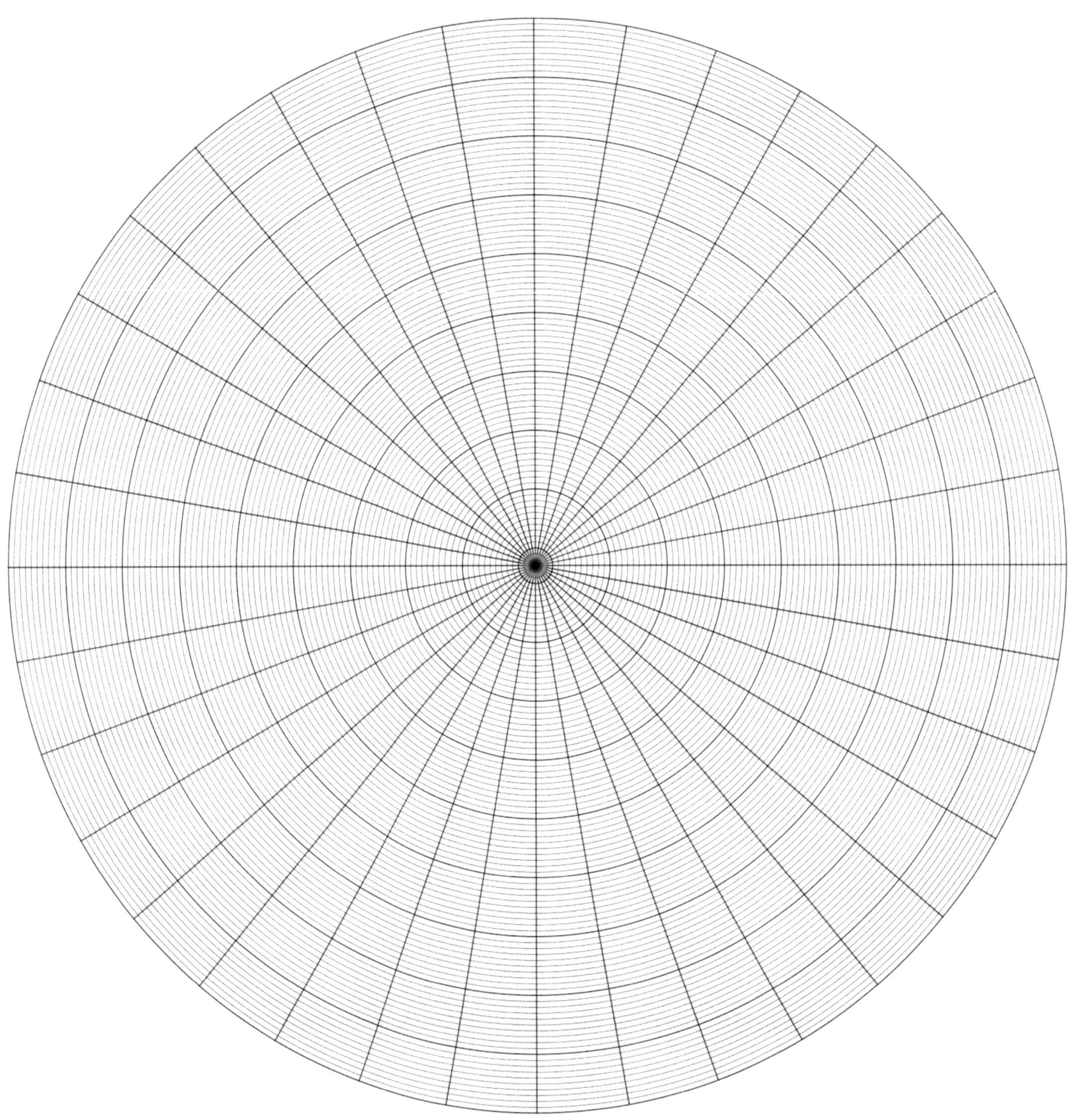

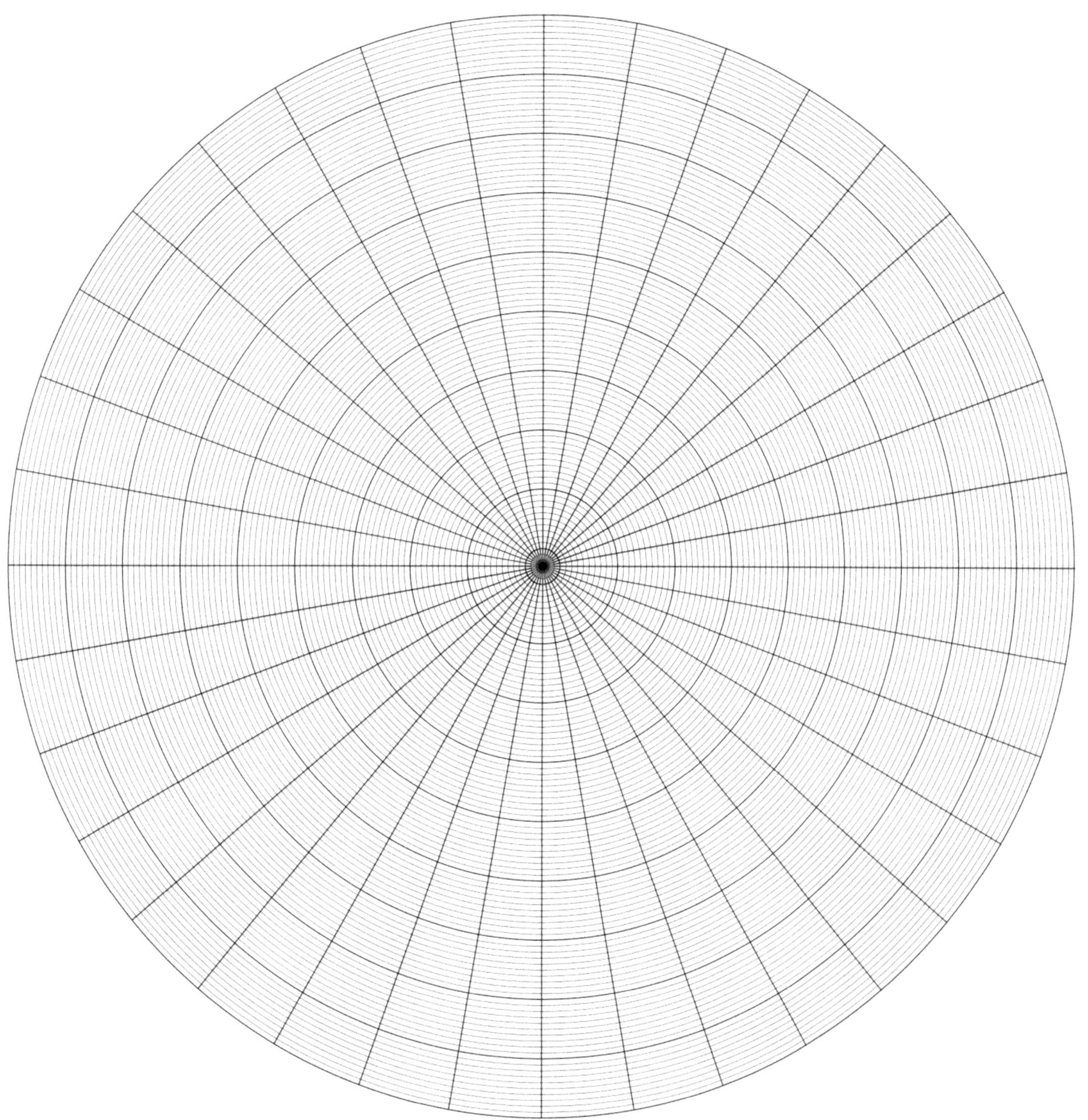

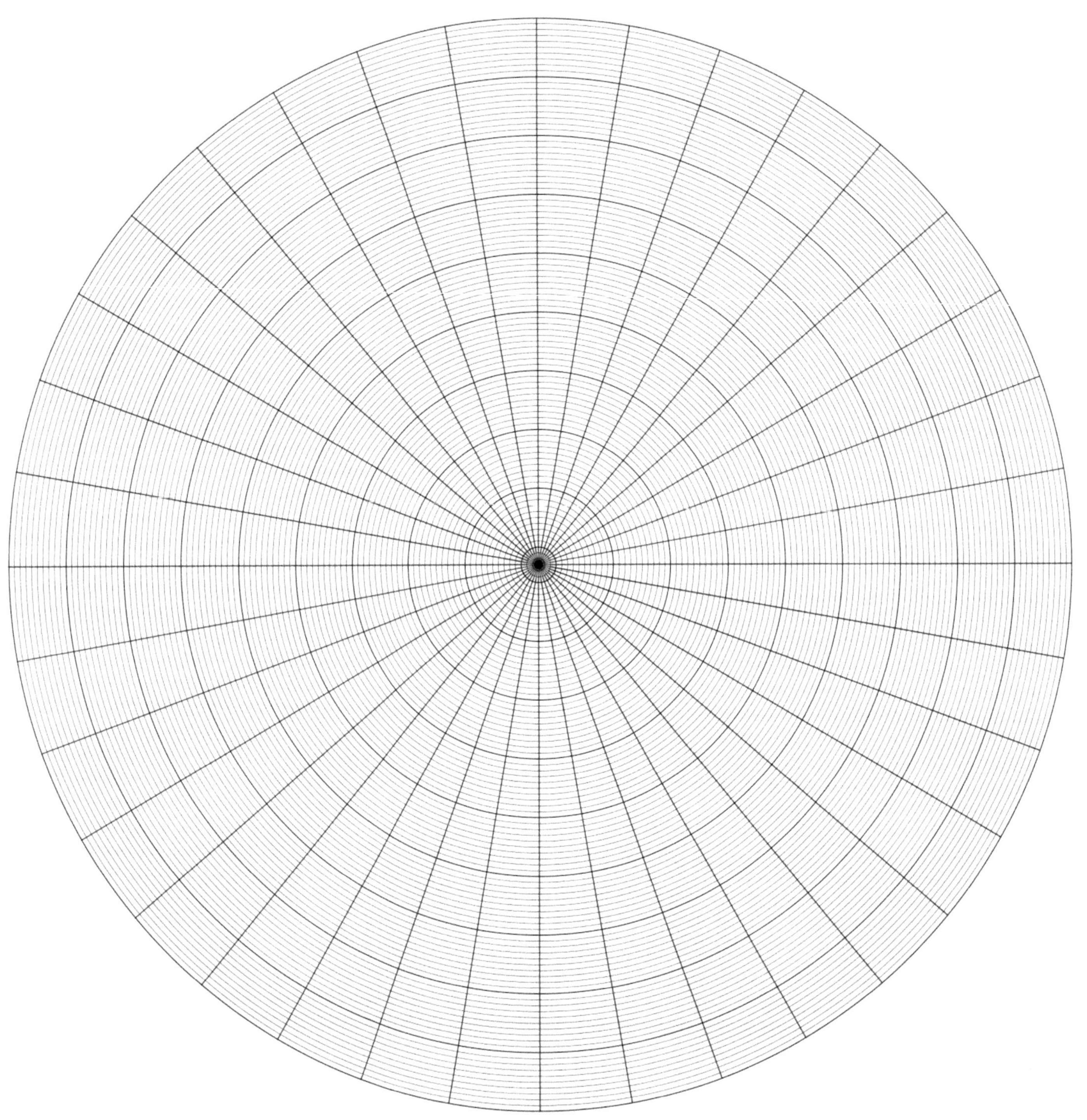

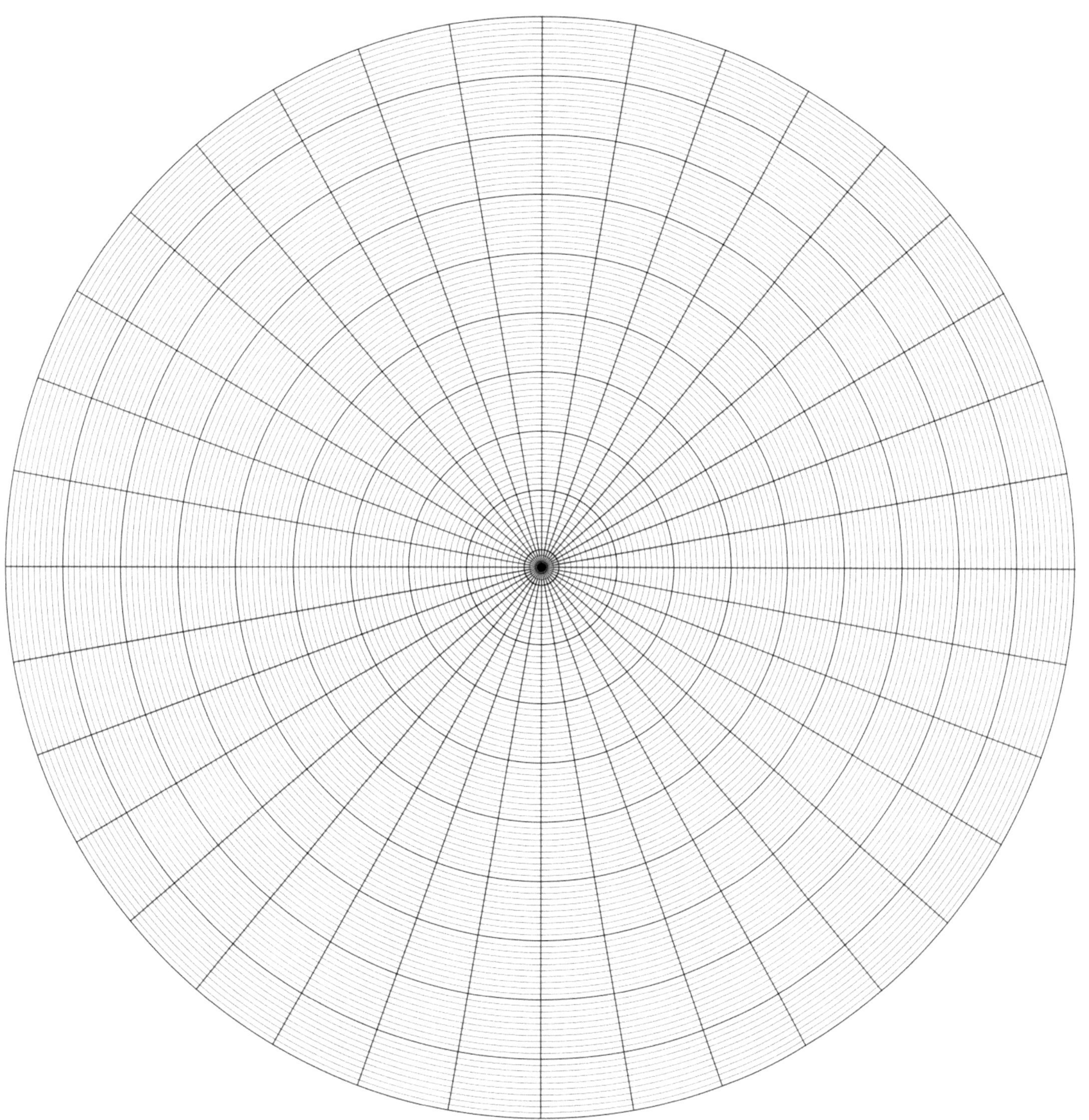

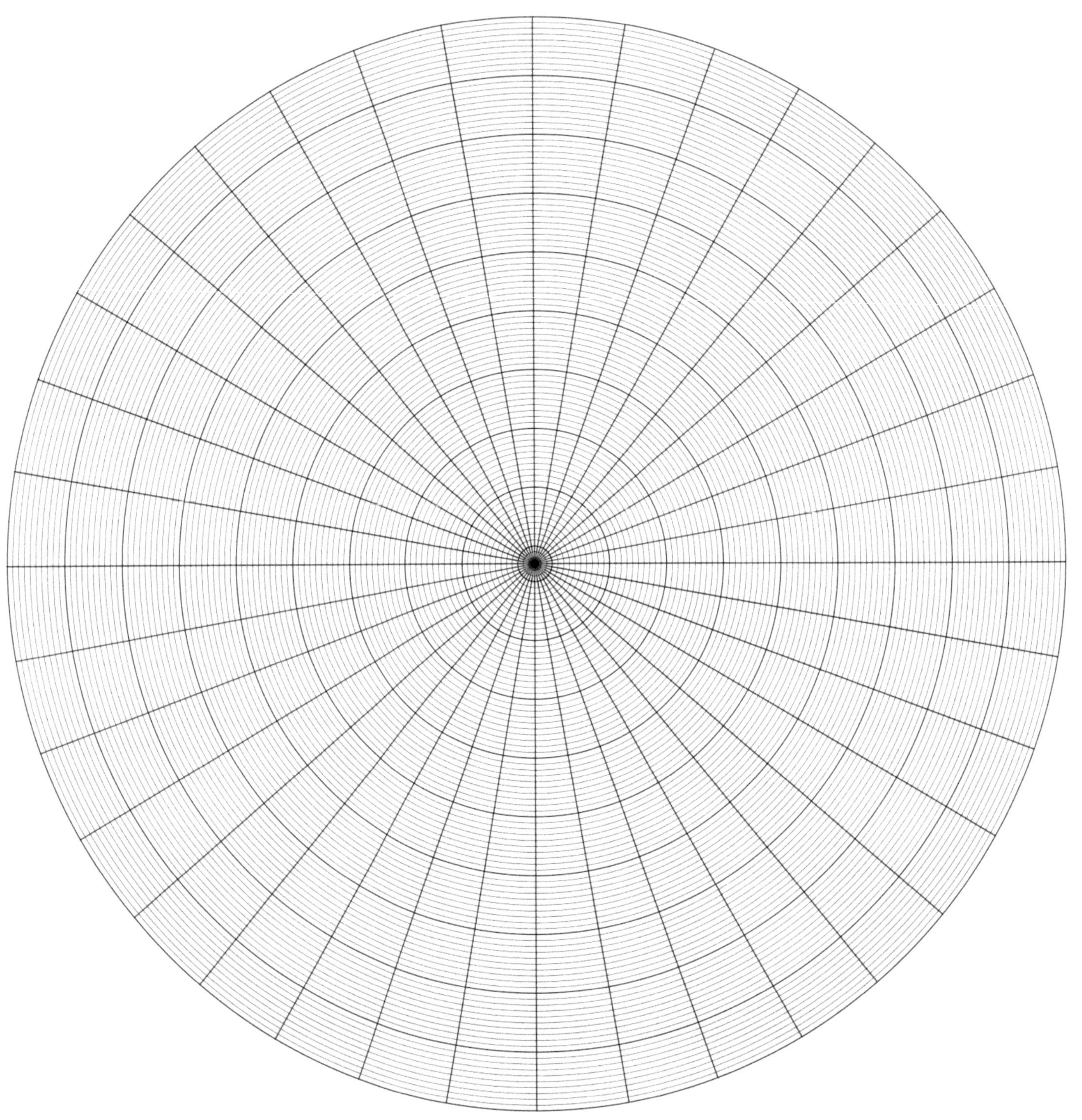

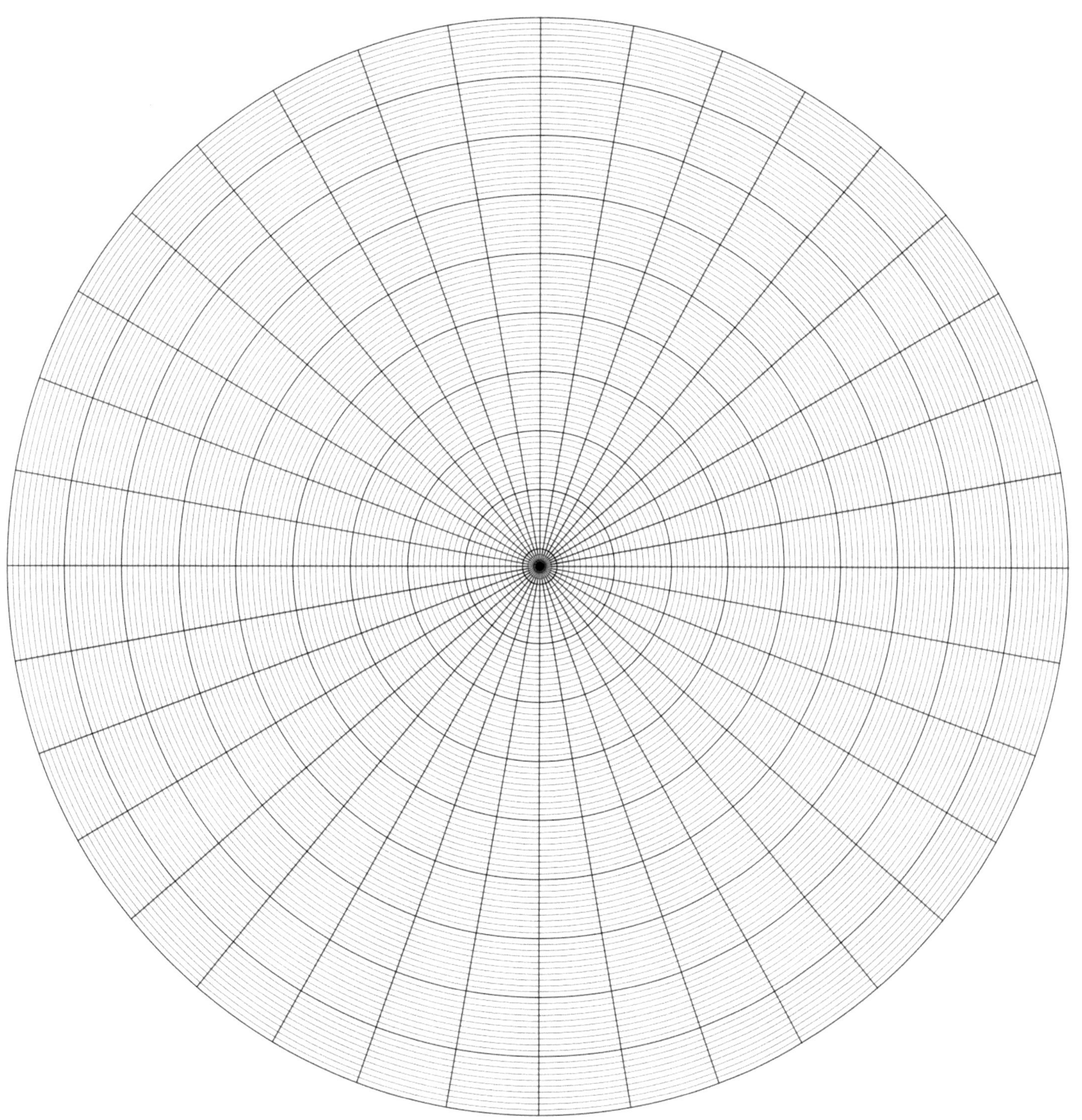

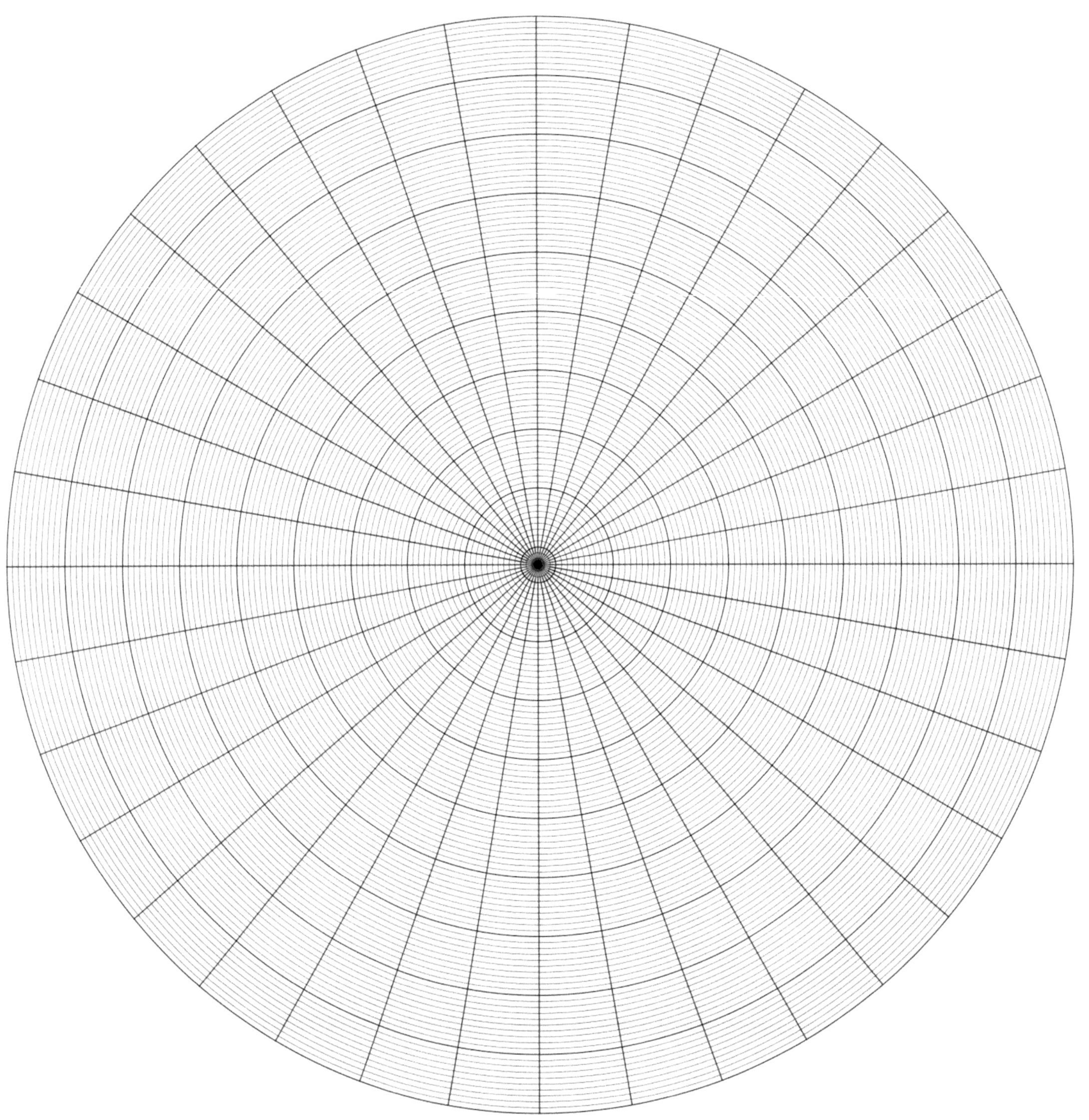

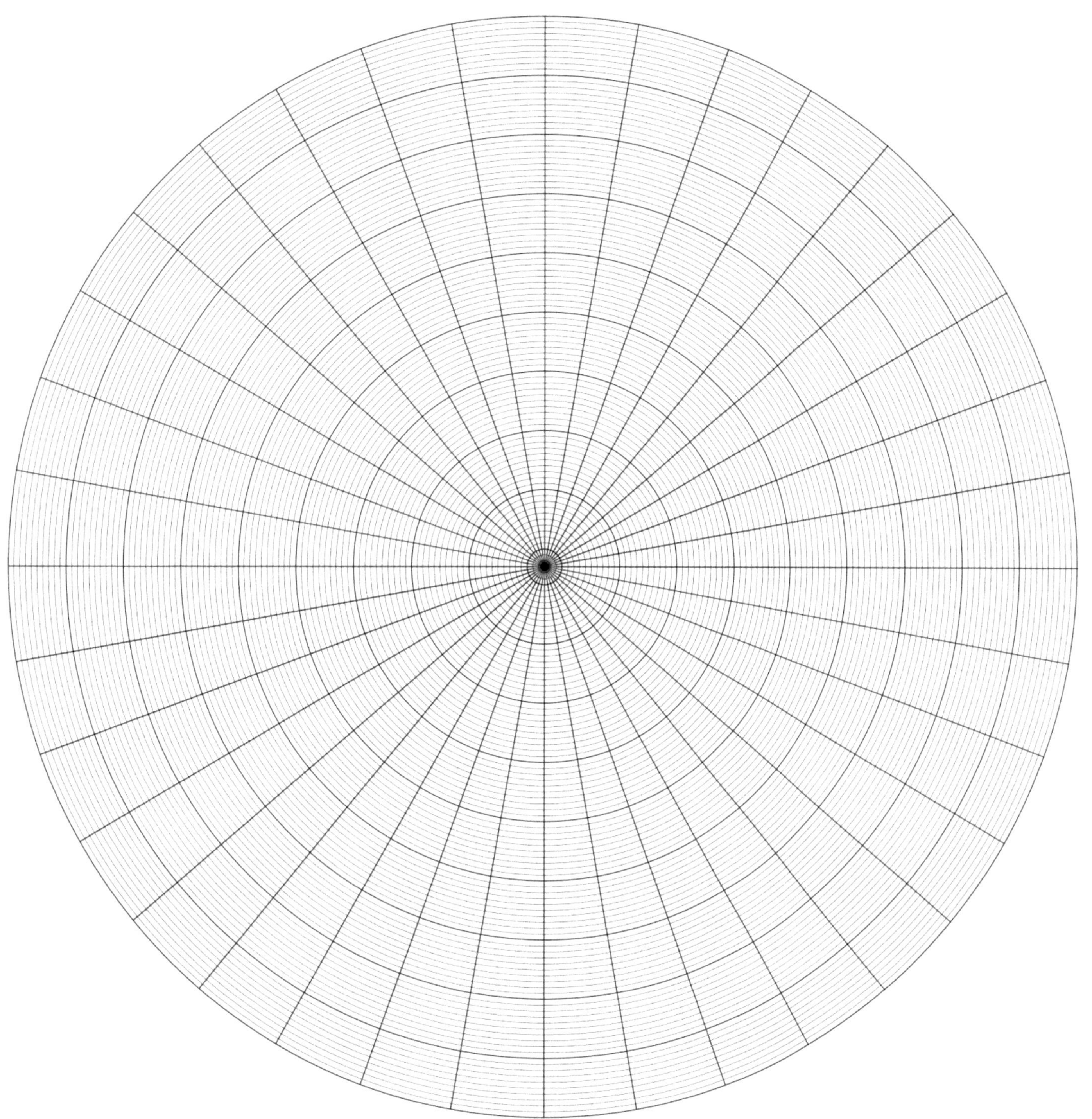

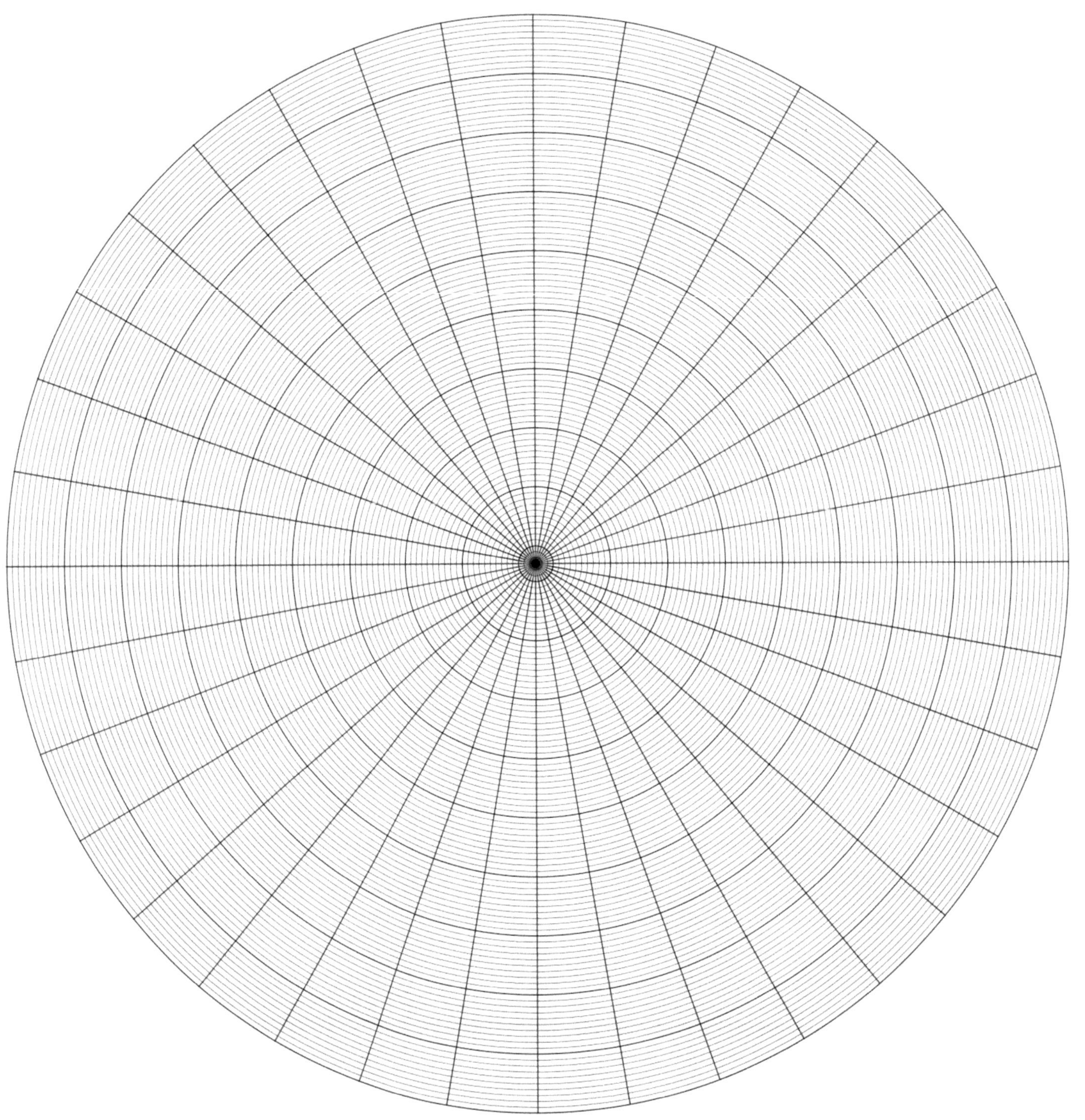

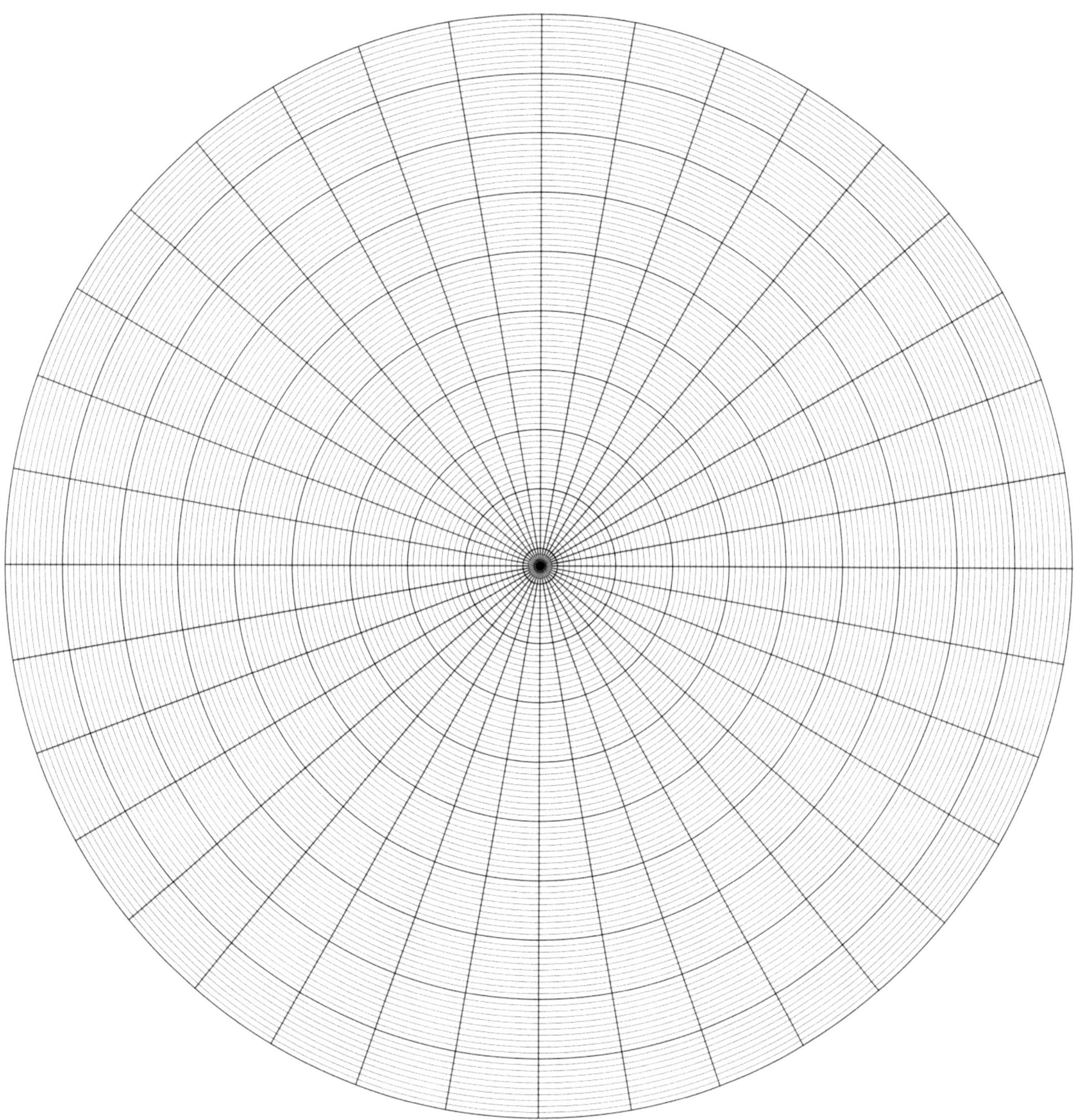

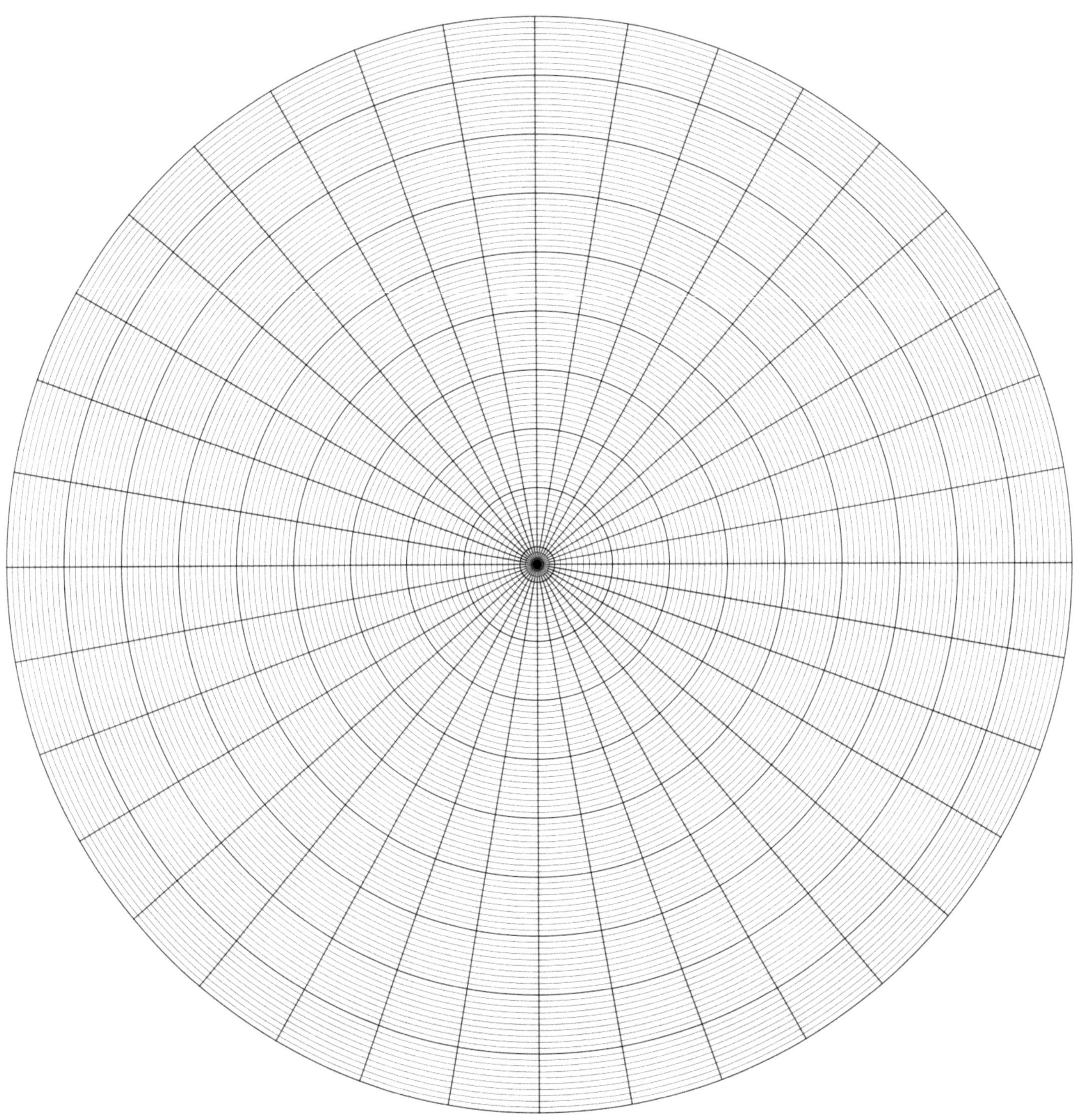

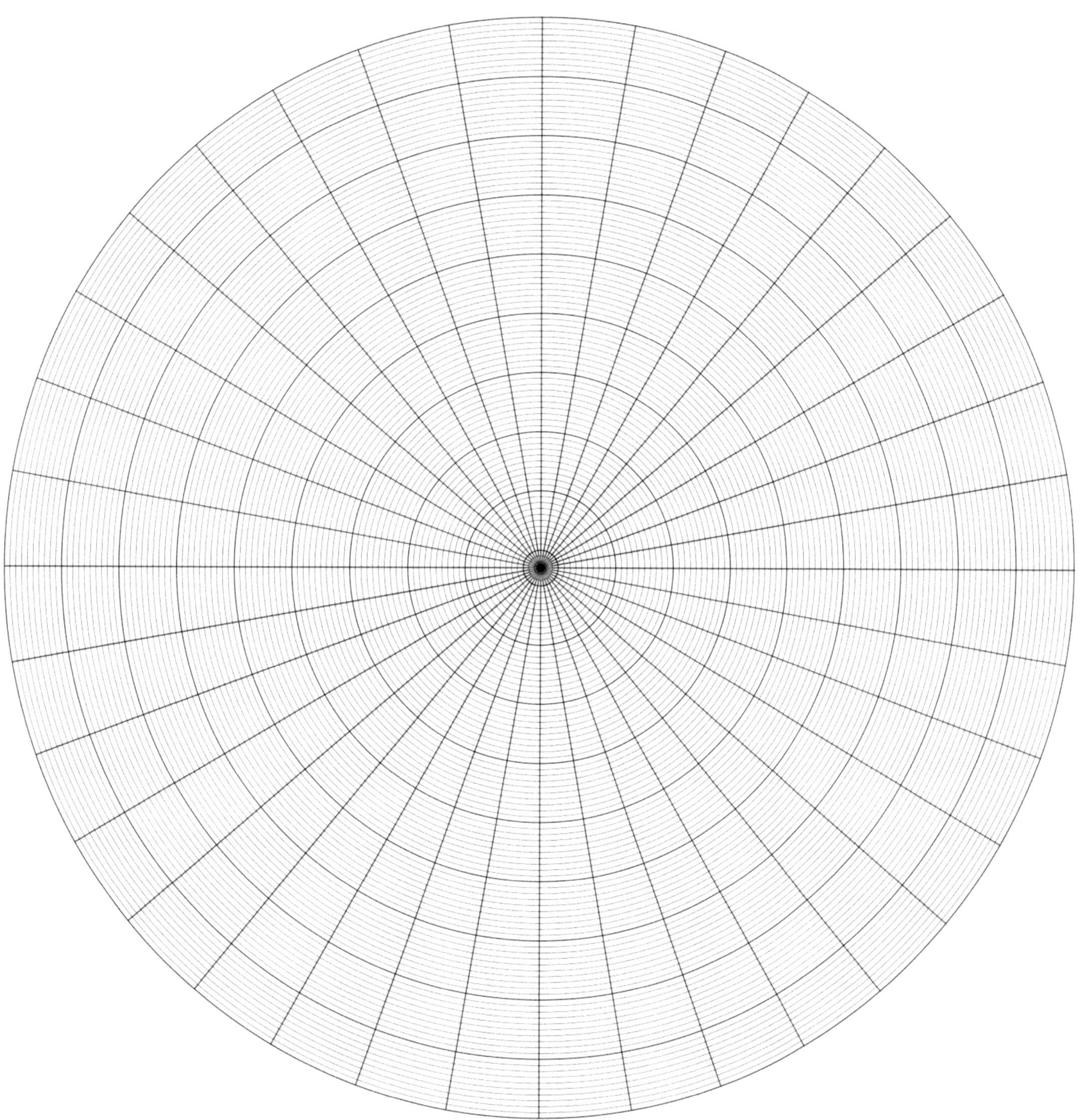

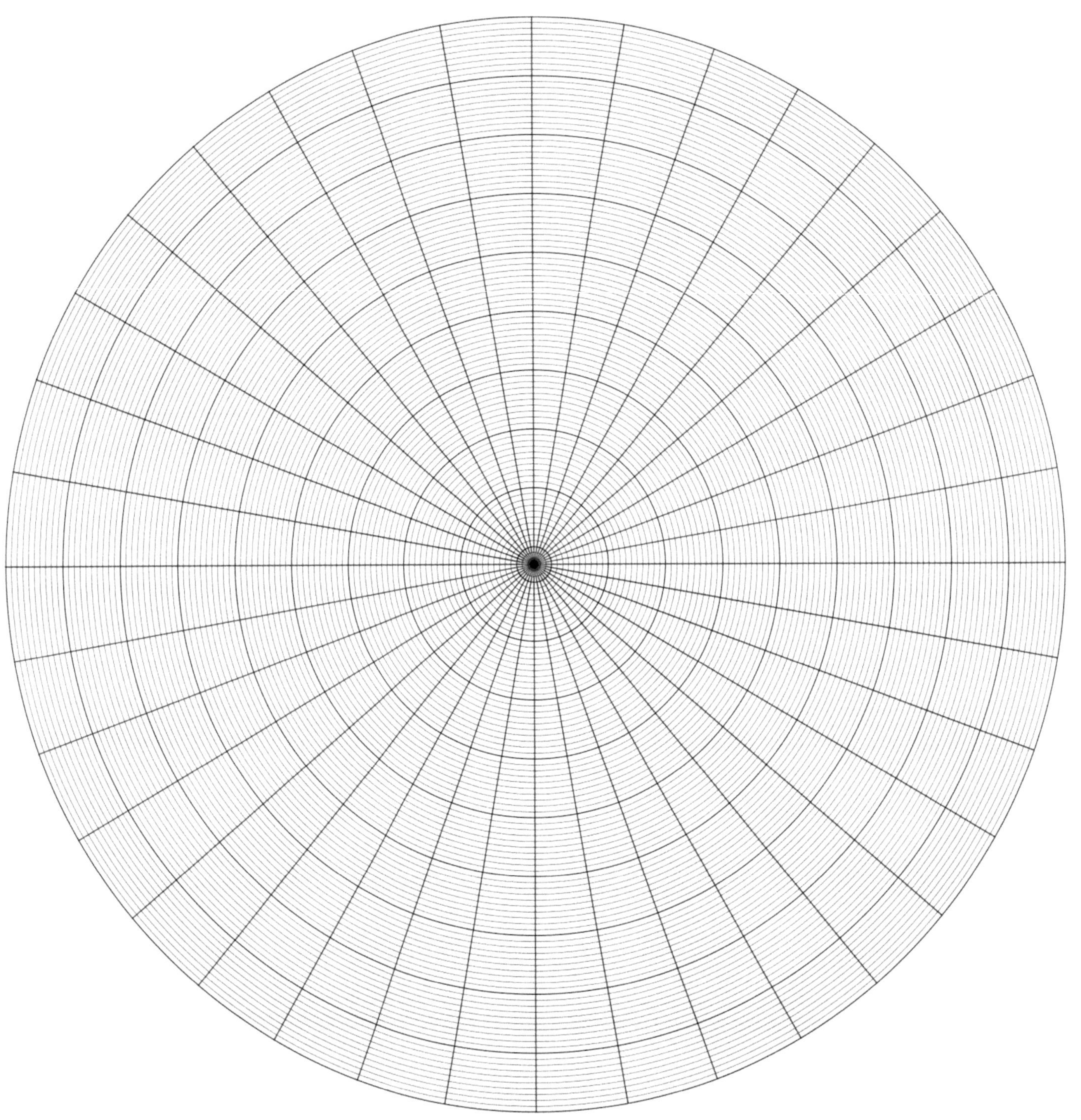

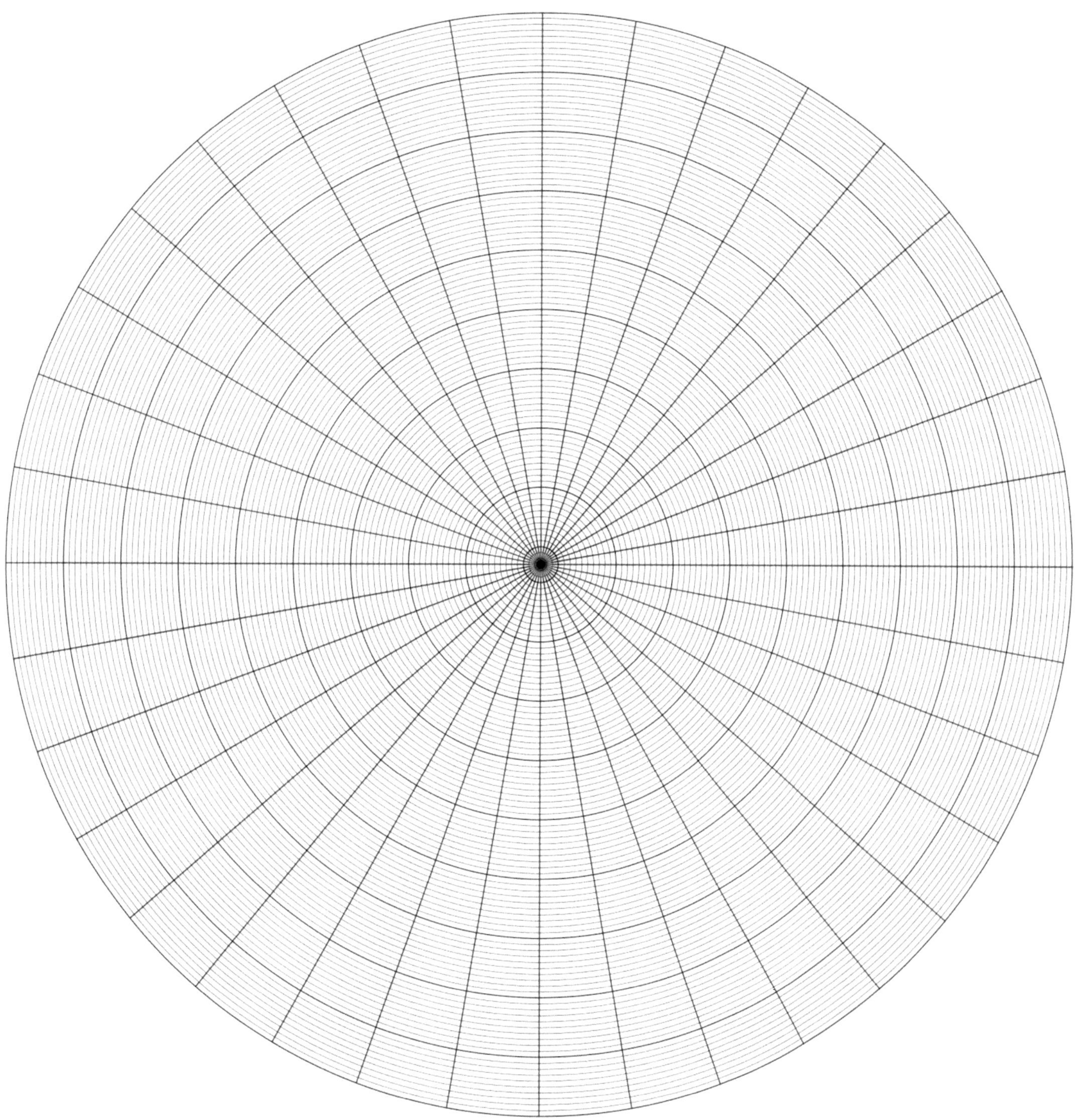

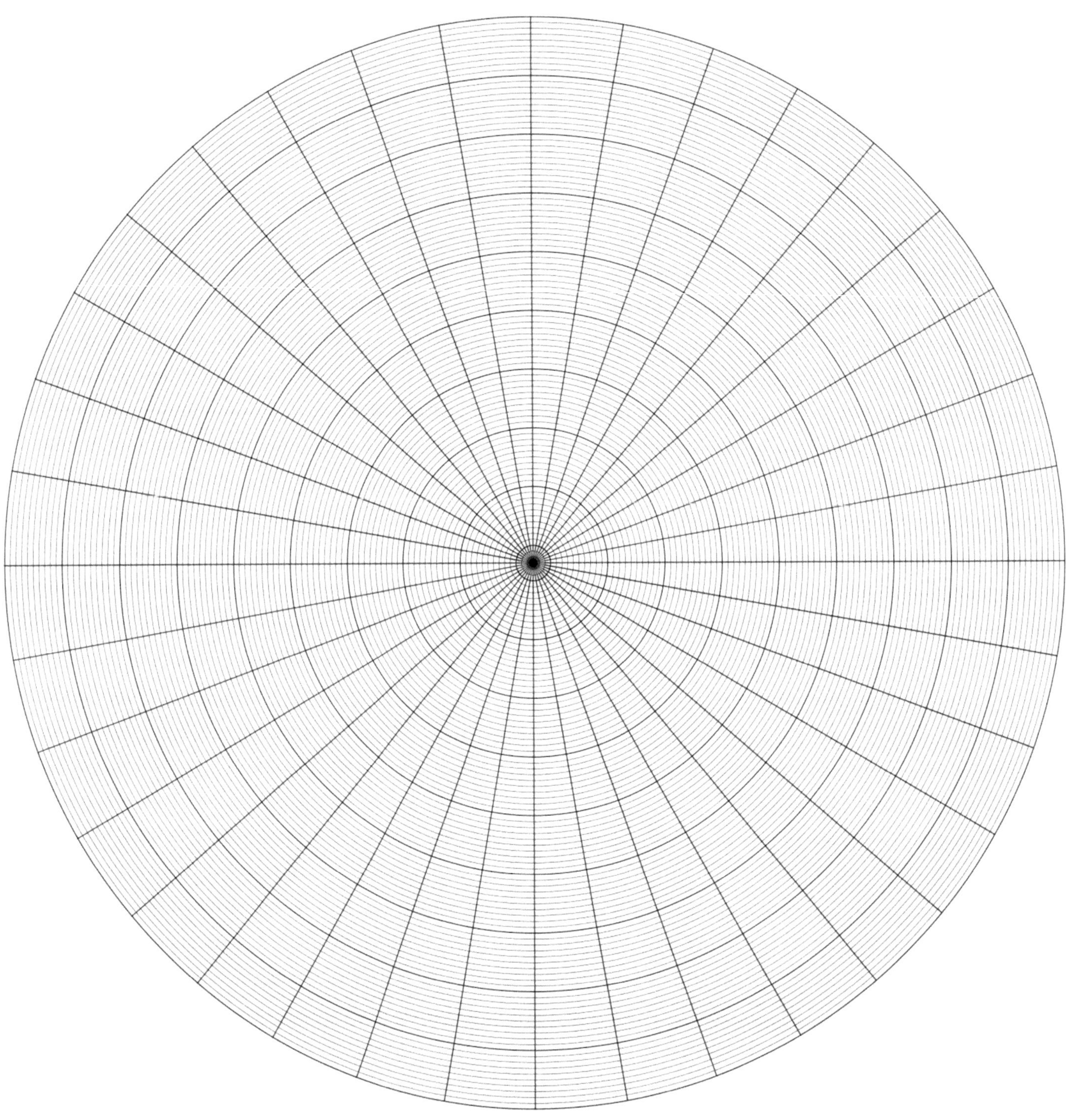

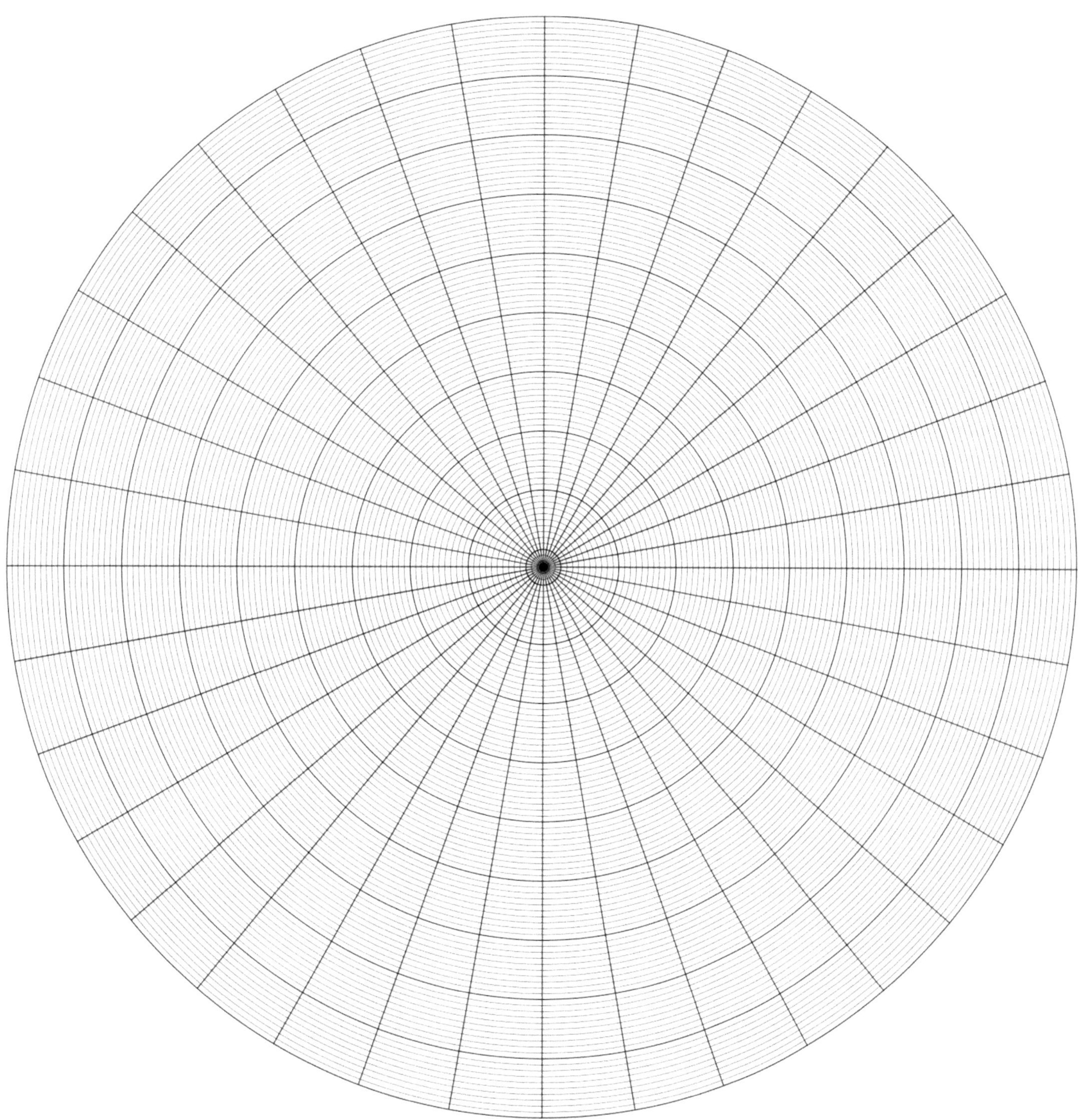

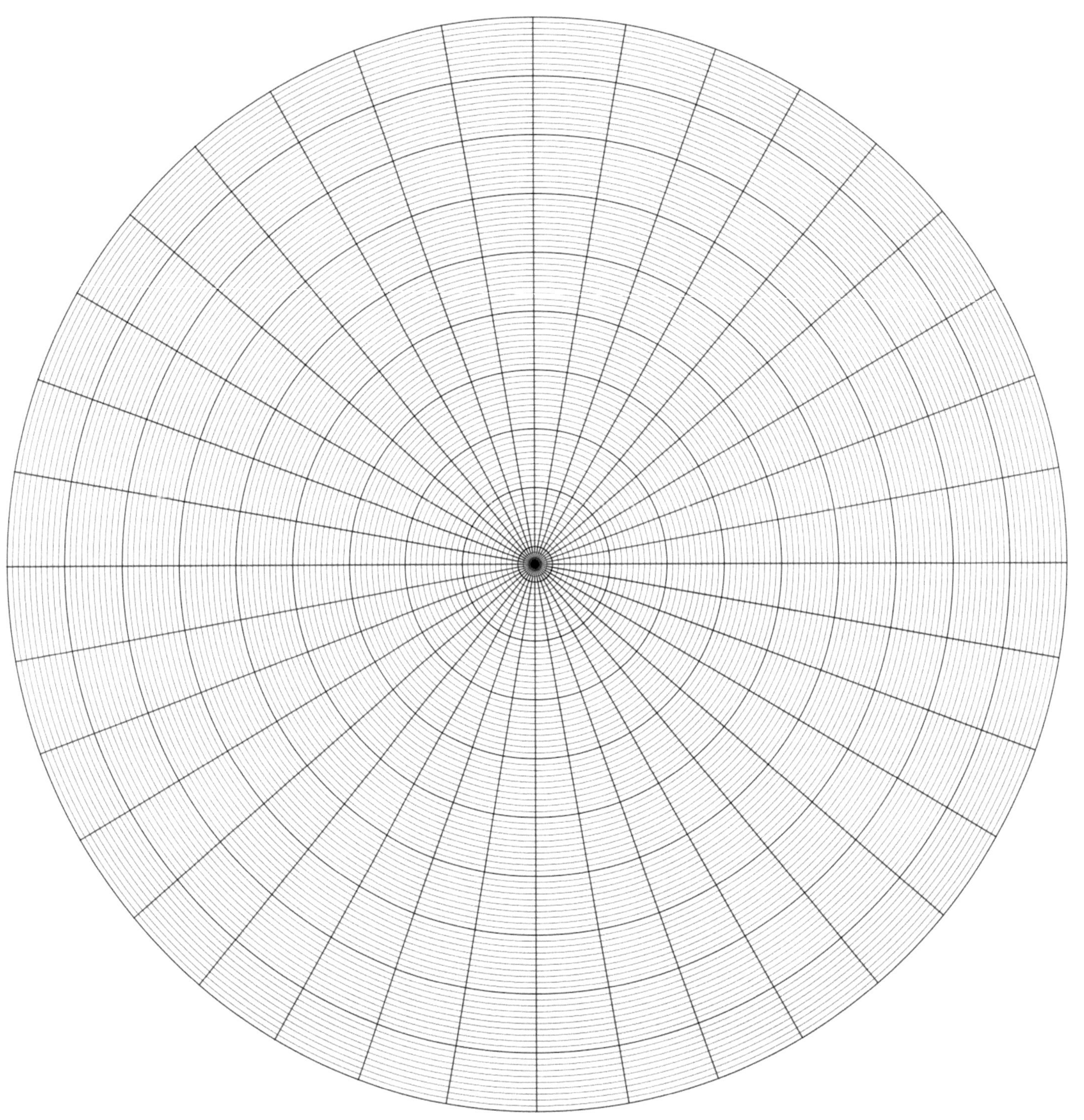

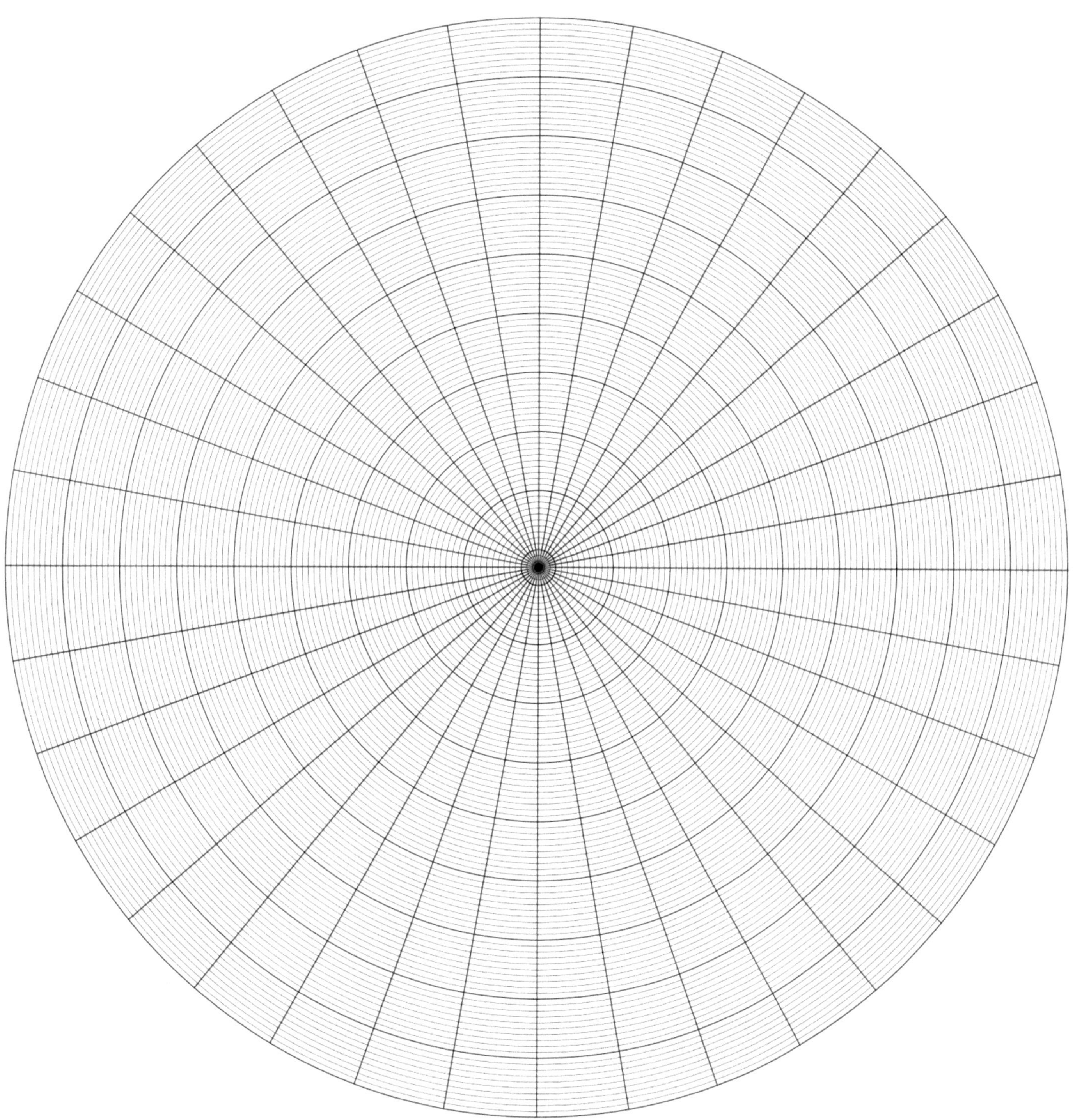

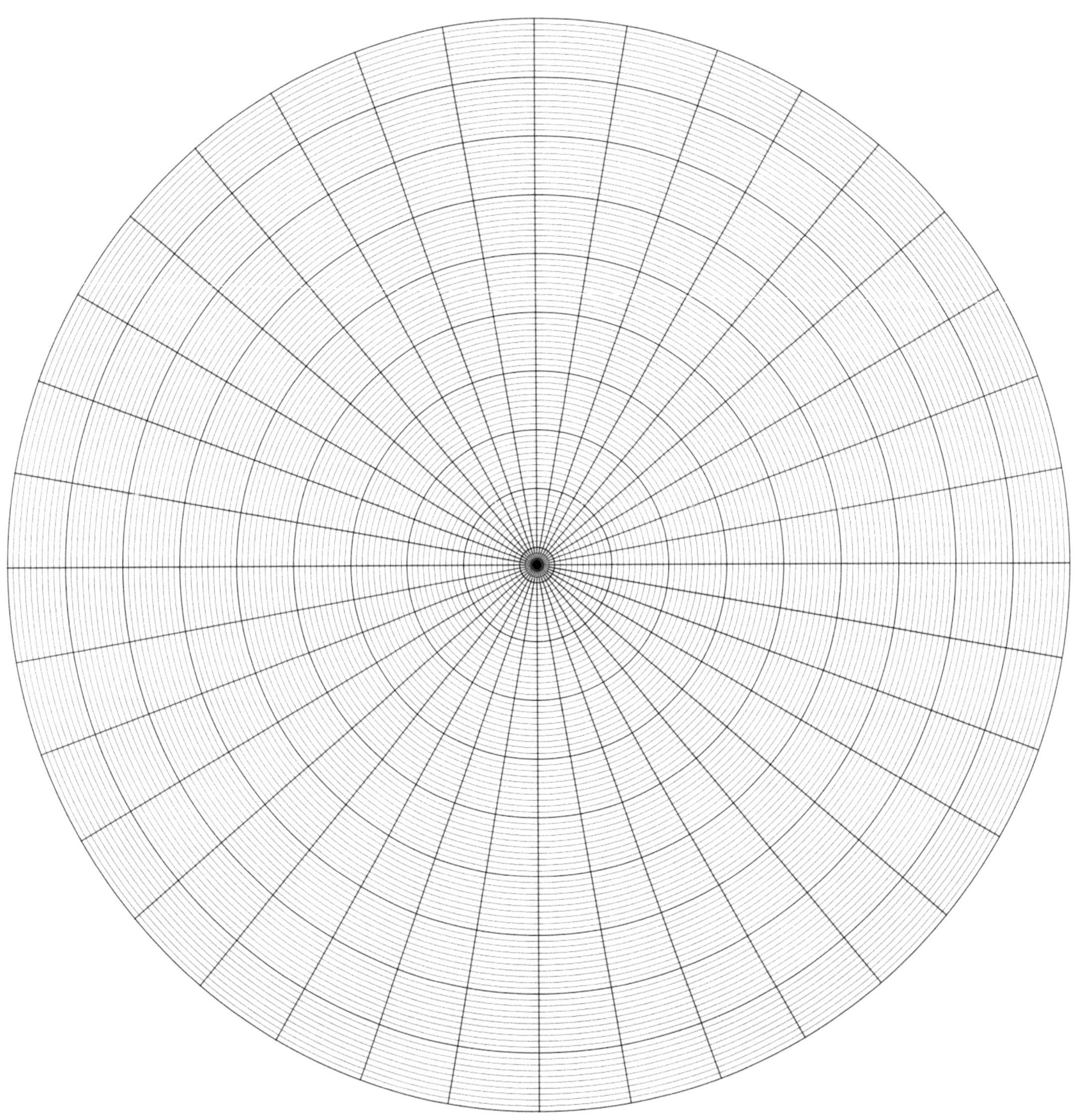

Mehr von mir können Sie hier finden:
https://www.kurtheppke.com/